進化論物語

装丁　長山良太

進化論物語

目次

第二章　生物学の革新を目指した保守派の巨魁――キュヴィエ　61

はじめに

「進化」や「進化論」という言葉を知らない人は、おそらくいないだろう。しかし、それがどういうものかを尋ねてみると、あまりはっきりした答は返ってこない。多くの人は、「サルが人間になること」とか、「下等な生物が高等な生物に変わっていくこと」などと答えるのではないだろうか。これはどちらも、まちがっている。現在生きているようなサルから人間が進化したわけではなく、共通の祖先からサルと人間が進化してきたということにすぎない。高等と下等というのは相対的な概念で、人間に近いものほど高等だというのは、人間の思い上がりである。人間との類縁の近さからいえば、ミツバチよりもホヤの方がずっと近いのだが、体のつくりにしろ生態にしろ、ホヤの方がミツバチより高等だなどということは、とても言えない。進化の一般的な定義は「生物の形や性質が世代を経るとともに変化していくこと」であり、かならずしも進歩ではなく、退化や絶滅も含まれるのである。

「進化論」は、なぜ、どのように進化が起きるかについての理論のことで、人によって考えは異なる。そこで、ダーウィン進化論、ラマルク進化論、今西進化論などと提唱者の名前を冠して呼ばれることがあり、そのほか、進化の要因を表して、中立説、突然変異説や共生進化論などというのもある。したがって、進化論の話をするときには、本来ならば、誰それのどういう進化論によれば、と断わらなければならないのだが、なぜか、ほとんどの人は、ただの進化論としか言わない。これは、好意的に解釈すれば、現在の科学の世界で認められている進化論は、(広義の)ダーウィン進化論だけだからということになるが、世間で見られる「進化論」の用法からは、とてもそうは思えない。ダーウィン進化論と書かれていても、「生物は偶然の突然変異のみによって進化したと主張する説」だと書かれていたりする。それも誤りであることは、本書を最後までお読み頂ければわかるはずだ。

本書では、ダーウィン(一八〇九~一八八二年)の進化論がどういうものであったかを、歴史的に明らかにしていくつもりだが、正面からそれを論じた著作はすでにおびただしい数が出版されている。そこで、本書では少し趣向を変えて、ダーウィンその人よりも、ダーウィンとはちがった進化観をもつ人や、誤ったダーウィン理解をひろめた学者たちを主役にして、逆説的にダーウィン進化論の本質を照らしだしてみたいと思う。書き方としては、単なる学説史ではなく、そうした学者たちを誤りに導いた時代的な背景と、彼ら自身の人生をうまく伝記的な読み物として描くことができればと思っている。

しかし、ダーウィンその人や彼の進化論の内容にまったく触れずに話を進めるのは、読者にとっていささか不親切だと思うので、序論において、その概要と歴史的な位置づけに簡単に触れておきたいと思う。

過去の歴史を現在の到達点から振り返ってその誤りを断罪するのは、ホイッグ史観と呼ばれるものであり、科学史を論じる正しい態度ではない。本書で取り上げる人物はいずれも、革新的な側面と保守的な側面を混在させている。彼らの考え方は科学的な事実や推論だけでなく、時代の思潮に大きく影響を受けているからだ。

彼らの生きた時代は、科学革命、産業革命、フランス革命（あるいは市民革命）というそれぞれ異なった意義をもつ三つの革命の影響が強く刻印された時代であり、それが彼らの科学観にも深い影を落としている。革命のどの部分に共感し、どの部分に反発したかは人によって異なる。彼らの学問的業績を正しく評価するためには、そうした時代的制約を考慮に入れなければならない。なぜ誤ったかは、そこで明らかになるだろう。

本書では、ラマルク、キュヴィエ、トマス・ハクスリー、ハーバート・スペンサー、エルンスト・ヘッケル、および進化の総合説確立の貢献者たちを代表してテオドシウス・ドブジャンスキーを取り上げる。進化論の成立にかかわって、とりあげるべき人物が他にもたくさんいることは、重々承知しているが、進化論の成立にとって何が問題であったかを明らかにするために、いくぶん恣意的にこの六人を選んだ。

私見では、一八〜一九世紀の博物学者が正しい生物観にたどりつくために突破しなければならない壁は、大きく分けて三つあったと思われる。一つ目は種が不変であるという個別（特殊）創造説、二つ目はすべての事物には唯一の本質（原型）があり、私たちが見ているものはその表象にすぎないとするプラトン的な本質主義、そして三つ目はすべての自然がアリストテレスの「存在の階梯」（自然の万物は、最下位の質料から上に向かって、無生物・植物・動物・人間というように階層的に配置され、下位の存在者は上位の存在者の生存のために奉仕するようになっているという考え方。「自然の階梯」とも言う）という階層的な秩序を保っているとする人間至上主義的な考え方である。ダーウィンはこれらの壁を突破することができたのだが、さてこの六人はどう立ち向かったのだろうか。

本書は学術書ではなく一般向けのものなので、必要なところを別にすれば、こまかく出典を明示することはせず、巻末に参照した文献をあげるにとどめた。ラマルクとキュヴィエはフランス人、ヘッケルはドイツ人であるが、筆者はドイツ語は多少読めてもフランス語は皆目読めないため、原典、伝記とも基本的に英訳書に依拠せざるをえなかったことをお断りしておく。最後に、本書の構想のきっかけと出版の機会を与えてくださったバジリコ株式会社の長廻健太郎氏に感謝する。

序論　ダーウィンと進化論

　ダーウィンの生涯と思想について書かれた本は多数あるが、なんといってもデズモンドとムーアの著した伝記『ダーウィン』が質量ともずば抜けている。それを主たる典拠にして、ほかにダーウィンの『自伝』をはじめ、様々な類書を参考にして、要点だけを述べておこう。

ダーウィンの時代

　この本の登場人物が生きた時代の、社会的、科学的背景については、各章でそれぞれ論じているので、ここではダーウィンが生きた一九世紀の全般的な時代状況について簡単に述べることにする。

　一九世紀という時代は、一七世紀に起きた科学革命、すなわちコペルニクス、ケプラー、ガリレイ、ニュートンに代表される世界観、科学観の革命的な転換が大きな影響を残していた時代であり、新しい科学がもたらした様々な技術によって産業革命が絶頂期を迎えた頃であった。とりわけ英国では、進歩主義を歓迎する社会的風潮が強かった。結局のところ、ダーウィンの進化論が受け入れられたのは、ひとえに、この進歩主義的な風潮のゆえだった。

第一章で述べるように、科学革命によって誕生した当時の近代科学の基本的な考え方は、ニュートンの理神論、すなわち神による創造は認めるが、以後の宇宙は自己発展する力をもつという考え方に立脚しており、神の定めた自然の秩序と合目的性を追求することが科学の目的とされた。ダーウィン自身も、ウィリアム・ペイリーの『自然神学』などを読み、その世界観に最初のうちは納得していた。

ダーウィンは博物学者として出発したのだが、博物学は世界に関するあらゆる知識の体系だった。顕微鏡などの道具の発達にともなって、動物、植物、鉱物、地質についての知識は深まっていくが、すべては神の意図を知るためのものとみなされていた。

この当時、職業としての科学者という概念はまだ成立しておらず、博物学者の多くは、ダーウィンのように親の資産を使うことができる金持ちの子弟か、聖職者として大学に職を得た学者だった。もちろん、アルフレッド・ラッセル・ウォレスや、擬態の研究で知られるヘンリー・ウォルター・ベイツのように、探検家として海外の珍しい動植物を採集して売った資金で研究をしたアマチュア研究者も少数ながら出現するようになっていた。

博物学者たちの間でも、理神論の影響を受けて、生物的な自然を物理的な法則によって説明しようとする指向が芽生えていて、ラマルクらには大いにその傾向があった。しかし、当時の博物学の考え方の主流は、まだアリストテレスの「存在の階梯」という考え方の影響を色濃く残していた。したがって、当時の論文はおおむね生物についての伝聞や風説を含む、旧態依然とした記載が中心であった。その後、一八世紀のリンネによる分類法の確立によって、ようやく博物学から実物の観察に基づく近代的な生物学に向かう道が開かれたのである。

アリストテレス的な生物観では種は固定されたものであり、「進化」などという概念は当然認められなかった。キリスト教の世界では、種は天地創造の時点で神によって完璧な形で個別に創造されたものであるとされ、進化を認めることなど許されなかったのだ。ダーウィンの恩師であるヘンズローやセジウィッグなども、聖職者であるがゆえに、彼の学説の価値を認めながらも進化論を肯定するには至らなかった。

ダーウィン進化論とは何か

ダーウィンの進化論について知ろうと思うなら『種の起原』を読めばいいと誰もが思うだろうが、話はそれほど簡単ではない。

一八五九年十一月の末に出版されたこの本は、六版を重ね（現在すべての版の原文をネット上で読むことができる。版ごとに改訂がなされているが、私見では、修正の多くは批判に対する応答ないし妥協で、しばしば改悪されており、初版がダーウィンの思想を最もよく表していると思う）、世界中で翻訳され、日本でも十数種類の訳本が出ている。進化論について語る人間は、必ずこの本をもちだすのだが、実際に読了した人間はそれほど多くないと思われる。ヴィクトリア朝時代の古めかしい英語で書かれていることもあるが、一つの文章が非常に長く、あまりにも慎重を期そうとするあまり文章が冗長で、はなはだ読みにくいからである。

そのうえ、この本はいわゆる「進化」について述べられたものではない。実は、ダーウィンは、「進化（evolution）」という言葉が既に使われていたにもかかわらず、それを使わずに「変化を伴う由来（descent with modification）」という言葉を使っていた。この訳語はかなりわかりにくいが、「生物は少しずつ変化しながら世代を重ねていく」という意味である。このあたりの用語の選択の意義については、第四章でくわしく説明する。

この本の原題は、『自然淘汰の方途による、すなわち生存競争において有利な品種（レース）が生き残ることによる種の起原』というもので、この表現に、ダーウィンの進化思想の核心が示されている。自然淘汰とは、**個体間には変異があり、その変異の一部は子孫に遺伝し、生物は環境が収容できる以上の子どもをつくる**ので、かならず生き残れるものと生き残れないものが生じ、**結果として有利な性質をもつ個体が生き残って子孫を残し、そ**

うでないものが消滅するという、ふるい分けが生じるということである。
『種の起原』では、ダーウィンの考え方の正当性を担保し補強する広範な証拠が集められているが、この本の構成を簡単に見ていこう。

第一章「飼育栽培下における変異」では、人為淘汰としての品種改良がどれほど大きな変異を生物にもたらすことができるかを、飼いバトやイヌを例にして示し、小さな変異を根気よく選抜していくことで、まったく別種のような品種が生まれることを立証する。第二章「自然条件下での変異」では、自然界における変異の実例とそのパターンを明らかにし、第三章「生存競争」では、個体間の生存をめぐる競争を種内、種間の関係のもとで論じ、第四章「自然淘汰」では、人為淘汰との比較、性淘汰の特殊性、および種の分岐、第五章「変異の法則」は、なぜ変異が生じるかの成因論である。第六章「学説の難点」は、発表後に起こるであろう批判を予想して、周到に先回りし、あらかじめ反論している。以下、第七章「本能」、第八章「雑種形成」、第九章「地質学的証拠の不完全さについて」、第十章「生物の地質学的変遷について」、第十一章、第十二章「地理的分布」、第十三章「生物相互の類縁性、形態学、発生学、痕跡器官」、第十四章「要約と結論」となっている。

このように『種の起原』では、あらゆる角度から進化論を正当化する証拠が検討されている。彼の冗舌かつ綿密な論証が、ボクシングのボディーブローのように、読者に向かって執拗に繰りだされている。

人類の進化について

『種の起原』で注目すべきは、人類の進化についてまったく論じられていない点であり、最後の「要約と結論」で「やがて人類の起源とその歴史についても光があてられるだろう」と書いてあるだけである。ダーウィンがあえて論じなかった主たる理由は、宗教界からの反発を慮ったことにあるが、もうひとつ語るべき材料がなかったこともある。ネアンデルタール人が発見されたのは、『種の起原』刊行のわずか三年前の一八五六年であるが、当初は人類化石とは認められなかった。ネアンデルタール人やクロマニヨン人の化石がヨーロッパ各地で発見されるようになるのは、トマス・ハクスリーの『自然界における人間の地位』が発表されて以後のことである。したがって、ダーウィンは人間が下等な生物から進化したことを確信してはいたが、それを裏づけるべき科学的な証拠をほとんど持ち合わせていなかったのだ。

『種の起原』刊行から十二年後の一八七一年に、ダーウィンは満を持して『人間の由来』を出版するが、肝心の人類に関する記述（第一部）は全体の三分の一でしかなく、残り（第二部）は様々な動物における性淘汰について論じられている。ダーウィンはなぜこういう本を書いたのだろう。それには人種の問題が深くかかわっている。第一部の結びの第七章で人種について論じているのだが、いわゆる人種を区別するような外見上の特徴が確かに存在するのを認めながら、それが通常の自然淘汰による適応的な変化では説明のつかないものだとしている。つまり、それは生物学的に形成された品種、すなわち人種ではなく、自然淘汰以外のメカニズムによって獲得されたものと考えるべきであり、そのメカニズムが性淘汰だというのである。

短い第三部は、「人間の性淘汰と本書の結論」となっていて、人種間の形態的な相違が、部族固有の美的価値観による性淘汰によって形成された可能性を述べている。少なくとも、この本には、当時の進化論者の多くのように、白人の人種的優越性を誇示するという意図はみられない。いずれにせよ、『種の起原』には、サルが人間になるなどとは一言も書かれていないのである。

人生を変えたビーグル号の航海

ダーウィンはいつ頃、進化論を思いついたのだろう。『自伝』には、種が変わるという確信が生まれたのは一八三七～一八三八年だったと書かれている。これはどういう時期かというと、一八三七年はビーグル号の航海から帰った翌年で、一八三八年はマルサスの『人口論』を読んだ時である。つまり、この二つの出来事がダーウィンの背中を押したのである。

ダーウィンは、親の仕事を継ぐためにエディンバラ大学の医学部に行かされるが、医学に興味がもてず、とりわけ解剖実習が耐えられなかった。そのため、父親は息子を医者にすることを断念して、今度は聖職者にすべくケンブリッジ大学のクライスト・カレッジに行かせる。しかし、ダーウィンは真面目に聖職者の勉強をせず、地質学や植物学に心を引かれて、博物学者のジョン・ヘンズローや地質学者のアダム・セジウィック教授の講義を聞き、自らは仲間と甲虫採集にふけった。そして大学卒業後、博物学者になることを決意していた。その頃、たまたまヘンズロー教授が、ビーグル号のフィツロイ船長から航海に随行する博物学者の推薦を求められてダーウィンを紹介したことから、ダーウィンの運命的な世界一周探検が始まった。

航海の詳細は『ビーグル号航海記』の中で述べられているのだが、この長い旅で見聞したことは彼の進化論に大きなきっかけを与えた。

この航海は、五年がかりの壮大な旅だった。まず、イギリスからブラジルのバエアにわたり、南米大陸を南下する。さらに最南端のフエゴ諸島、マゼラン海峡をわたって北上し、ペルーの首都リマ近郊の港町カヤオまで行く。そこから太平洋に向かって、ガラパゴス諸島、ニュージーランド、オーストラリア、インド洋を経て、南アフリカ最南端の喜望峰に到着。そして再び南米に戻って、イギリスに帰国するという航路をとった。航海の途中でダーウィンは各地で上陸し、その土地の地質や動植物を調査した。

ダーウィンは『自伝』で、この旅行を通じて、特に強い印象を受けたことが三つあったと書いている。一つ目はアルゼンチンの大平原（パンパ）でメガテリウムやメガロニクスといった大型の絶滅哺乳類の化石を発見したこと、二つ目は南米大陸を南に下っていくにつれてそこにすむ動物が順次非常によく似た近縁種に置き換わっていくこと、三つ目はガラパゴス諸島のほとんどの生物が南米の生物の特徴を有し、しかもゾウガメやイグアナのように島ごとに少しずつ差異がある種がいることだった。これらのことからダーウィンは、種は漸進的に変わっていくという確信をもつことになるのである。

進化がどのようにして起こるのかについて、ダーウィンが抱いていた直接的なイメージは、家畜や栽培植物の育種だった。人間が少しでも大きな実を付ける作物や、少しでも多くミルクをだすウシを選んで何代にもわたって掛け合わせることによって、優れた品種をつくることができる。『種の起原』で扱っているハトの場合、野生のあらゆる鳥が有するような色彩や羽毛をそなえた品種をつくりだすことが可能であり、イヌならばチワワから体重が一〇〇倍あるセントバーナードまでの品種がつくられる。これらは人間が目的をもって選抜する人為淘汰であるが、それと同じようなことが自然界で起これば進化は起こると考えたのだ。

具体的にそれがどのように起こるかを考えている時に、たまたま読んだマルサスの『人口論』が大きなヒントを与えてくれた。人間の人口が食糧供給の増加以上の速度で増えるという指摘は自然界の生物にも当てはまり、生存競争は必然であり、そこに自然淘汰がはたらくはずだ、というわけである。

発表をめぐる顛末

自然淘汰の原理を認めれば、進化は必然的に起こるということになるのであるが、ダーウィンは種の分岐（種分化）の説明に苦心していたようであり、そのため進化理論の完成にはいたらなかった。しかし、最終的には『種の起原』の中で、「生物は原種から形態が分岐すればするほど、その変種の生息場所が増え、子孫の数も増えることによって種の分岐が起こる」という主旨の説明をしている。ダーウィンはこのことを一八五六年頃に思いつき、大著の執筆にとりかかろうとした矢先、一八五八年にマレー諸島にいたウォレスから、「変種が元のタイプから無限に遠ざかる傾向について」という論文が送られてきて、どこかの雑誌に発表できないかライエルの意見を聞いて欲しいと依頼された。しかし、その内容はダーウィンが長年考えてきたこととほとんど同じで、もしウォレスの論文が先に出てしまえば、ダーウィンの先取権が失われてしまうことになる。そこで、友人のライエルとジョセフ・フッカーは知恵を絞り、「殺人を告白するような気持ちです」という一文を書き添えてダーウィンが一八四四年に発表した「エッセイ」からの抜粋に、自らの理論の概要を述べた「エイサ・グレイへの手紙」と、ウォレスの論文からなる三部作の共同論文とすることを提案した。この共同論文は、一八五八年のリンネ学会で報告され、それがなかった。

『会報』に掲載されることになった。ただ、この論文自体は、学界の関心をほとんどひか

この共同論文の一件については、多少不透明なところもあり、ダーウィンがウォレスの功績を盗んだという意見（『ダーウィンに盗まれた男』）もある。しかし全体的な証拠からみて、ダーウィンの方が進化論を早くから体系的に考えていたことは間違いない。また、科学の世界では、同時発見というのは必ずしも珍しいことではないので、共同発表という形で処理したのは、結果的に公正な処置だったと思われる。

このような状況のもとで、時間をかけて大著を完成させるよりも、速やかに彼の考えを要約した本を出すべきだというライエルの助言に従って、ダーウィンが書き上げたのが『種の起原』である。

『種の起原』は、先の学会報告とは違って予想外の反響を呼んだ。初版は売り切れてすぐに重版となり、多くの国で翻訳出版された。そうした経緯については、第三章、第四章で詳しく述べる。

ダーウィンが及ぼした影響

ダーウィンの進化論は、本書を読んでいただければおわかりの通り、必ずしも彼の真意ではない形で世界的に受け入れられた。それはトマス・ハクスリー、スペンサー、ヘッケ

ルらによって歪められたある種の進歩思想、社会進化論として、当時の植民地主義、帝国主義を擁護する思想として歓迎されたのであった。そして、必然的というべきか、人種差別や優生学という闇を背後にひきずっていた。

ダーウィン以前の進化思想と比べて、彼の進化論が際立っているのは、ただ単に進化が起こるということではなく、その科学的メカニズムを示したことにある。もちろん、彼の時代にはまだ遺伝学も、分子生物学もなかったから、メカニズムの細部においては誤りもあったが、基本的な考え方は正しかった。しかしながら、ダーウィンの真意が学界で正しく認知されるのは、ようやく一九四〇年代になってからのことである。

進歩思想としての進化論は、社会に大きな変化をもたらしただけでなく、神の御業によらない進化という考え方が、ニーチェ、フロイトやマルクスといった思想家にも大きな影響を与えたことはつとに知られている。また、米国におけるプラグマティズムの成立にも重要な役割を果たし、その中心的人物であったデューイは、「哲学へのダーウィン主義の影響」という論文において、「これまでの自然や知についての考え方では、固定されたものが優れていて、変化や発祥は欠陥や非実在性の徴候だと見なされてきた」。しかしながら『種の起原』は、知の論理を変容させ、ひいては道徳・政治・宗教の扱いを変容させるような思考様式をもたらした」と述べている。しかし、その辺りに立ち入って論じるのは、筆者の任ではないので、ここでは生物学に的を絞って、ダーウィンの影響を論じてみたい。

まずは、トマス・ハクスリーによって受け継がれた人類の歴史への関心（本人も『人間の由来』を書いた）は、人類学の基礎となり、多くの人類化石の発見へとつながった。彼の最後の著作『ミミズと土』は、生態学的研究の嚆矢である。『人および動物の表情』は、動物心理学のパイオニアともいうべき内容の論文であり、それは後に動物行動学の開花をもたらした。『サンゴ礁の構造と分配』は、今でも色あせぬサンゴ礁成因論であり、進化における個体発生の重視はヘッケルなどを経て、近代的発生学を誕生させ、その分岐論は近代的な分類学への道を開いた。

一方で、進化という視点は、すべての生物学研究において方法論的な根拠を与えたのであり、ドブジャンスキーが言うように、あらゆる生物現象は進化に照らして見なければ意味を成さないのである。そして何より、何事も実証的研究による証拠を求めるという精神は実験生物学の鑑となった。ドイツ生まれの米国人生理学者ジャック・ロイブは、ダーウィン生誕百年・『種の起原』五十年祭講演で、「ダーウィンの大胆な意見が、実験生物学者の勇気を鼓舞し、動物の生命現象をコントロールし、人為的に操作する道を開いたことが、たぶんダーウィンの科学における最大の功績であろう」と述べた。

血族結婚の呪い

最後に、ダーウィンを終生悩ませた健康問題に触れておこう。チャールズ・ダーウィンは、一八〇九年に医師で実業家の父ロバート・ダーウィンと母スザンナの第五子として生まれた。ロバートの父は進化思想の先駆者として知られる医師で博物学者のエラズマス・ダーウィン、スザンナの父は世界的な陶器メーカーの創設者で博物学者でもあったジョサイア・ウェッジウッドだった。ダーウィン家とウェッジウッド家は、深い姻戚関係にあり、チャールズは一八三九年に結婚するが、妻エマはジョサイア二世の娘であったから、これはイトコ婚である。それだけでなく、チャールズの姉のキャロラインは、エマの兄であるジョサイア三世と結婚していて、これまたイトコ婚という濃厚な血族結婚で結ばれていた（ついでながら、近代統計学の祖でありながら、悪名高い優生学の父として歴史に名を残すフランシス・ゴルトンの母はエラズマスの娘なので、チャールズの従弟に当たる）。

ダーウィンは、ビーグル号航海中に罹った病気の後遺症で、生涯、健康がすぐれなかったが、家畜や園芸作物の長期にわたる観察から、近親交配がもたらす弊害をよく知っていたため、自分の病気は血族結婚のせいではないかと思い悩んでいた。とりわけ、十人生まれた子ども（男六人、女四人）の多くが病弱であったことが、彼の心を苛んだ。長女のアニーは彼の一番のお気に入りだったが、猩紅熱に罹ったあと、おそらく結核のためだと推測されているが、体調がおもわしくなく、いろいろ手を尽くしたにもかかわらず（当時の医学は有効な治療法をもたず、水治療や瀉血といった手法しかなかった）、十歳で亡くなった。ダーウィンはその死に大きな打撃を受けた。次女のメアリー・エレノア（第三子）も、生後わずか二十三日で死に、六男のチャールズ・ウェアリングはダウン症で、二歳の時にやはり猩紅熱で亡くなった（運悪く、ちょうど進化論の発表をめぐってフッカーたちが奔走していた時期に重なった）。そうしたことから、ダーウィンは、自分や子どもたちの病弱が近親婚のせいではないかという疑念を、折に触れて口にしていた。ただ、残りの子どもたちは、それぞれ立派に成人し、産業人や学者として成功した。当時の幼児死亡率の高さを考えると、子どもたちの早世が必ずしも近親婚のせいであるとは断定できない。

ともあれ、このようにダーウィンは、自らの生き様にまで、進化の眼差しを注ぎ続けたのである。

第一章　反ダーウィンの旗印に仕立て上げられた学者――ラマルク

もう十年以上も昔のことだが、筆者はツアー旅行でパリを訪れたことがあり、二日間の自由行動期間を観光にあてることができた。その時、たまたまパリに滞在中の友人夫妻に案内してもらうことにしたのだが、休館日が重なったためにルーヴル美術館と国立自然史博物館のどちらか一方を諦めなければならなくなった。私は躊躇なく、自然史博物館行きを選んだ。パリに行くなら、ここだけは絶対に見ておきたいと思っていたからだ。なぜなら、ここはアメリカ国立自然史博物館、イギリスのロンドン自然史博物館に次ぐ、世界第三位のコレクションを誇る大博物館であるだけでなく、生物学の歴史において非常に大きな役割を果たしたからである。

ラマルクの像

いみじくもキュヴィエ通りとビュフォン通りと名づけられた二つの大通りのあいだに挟

まれた広大なこの自然史博物館のセーヌ川に面した正門近くに、ラマルクの像が建っている。この像は彫刻家レオン・ファジェルの作で、ラマルクの『動物哲学』（一八〇九年）の出版百周年を記念して一九〇九年に建立されたものだ。ちなみにこの年、イギリスではダーウィンの『種の起原』出版五十周年の祝典がおこなわれていた。

ラマルク像の落成式には、大統領や上下院の議長、モナコ大公、各国の高官が多数列席し、博物館長エドモン・ペリエが彼の功績を讃える演説をおこなったと当時の新聞は報じている。この像の台座の背面には、ラマルクと娘コルネリーを描いたレリーフがあり、その下に「後世の人が称賛してくれますわ、恨みを晴らしてくれますとも」というコルネリーの言葉が刻まれている。

私が訪れたその日は、ルーヴル美術館を選んだ人が多かったせいか、他の観光客はあまり見あたらず、このラマルク像に注意を払う人間は誰もいなかった。一時期の栄光は忘れ去られ、失明し孤独のうちに二人の

ラマルク像とその台座背面のレリーフ

娘だけに見守られて、一八二九年十二月、八十四歳の生涯を閉じた老ラマルクの無念は、今日はたして晴らされたといえるのだろうか。

さて、この博物館の呼び物はなんといってもその膨大な標本コレクションである。正門から前方左右に大きな二本の道が伸びており、左側の道に沿って「比較解剖学・古生物学展示館」と呼ばれる古めかしい二階建ての建物がある（もう一つ、正門から正面に見える大きな近代的建物は「進化大展示館」で、約七〇〇〇種の動物の剥製や標本が展示され、進化の様相を説明するタッチパネルなどが完備されていて、こちらの方が一般の観光客には人気がある）。「比較解剖学・古生物学展示館」の入館券売り場は古色蒼然としていたが、建物内部は自然光がたっぷり入るように設計されていて、静かで開放的な空間だった。一階が比較解剖学の展示室で、サルや類人猿を含めたありとあらゆる動物の骨格標本が展示されている。それも類縁の近いものが隣接していて、まさに骨の饗宴ともいうべきコレクションに圧倒される。鳥類や魚類のような小さな動物は壁際のガラスケースに入っており、ホルマリン漬けの内蔵なども陳列されていた。作家ポール・クローデルは、ここを「世界で最も美しいミュゼ（博物館）」と呼んだといわれる。二階は古生物の展示室で、子供に人気の巨大な恐竜やマンモスの化石が所狭しと並んでいる。筆者は、この時に撮った恐竜の卵の写真を、長らく携帯電話の待ち受け画面に使っていた。

この建物は一九〇〇年の万国博覧会のためにつくられたものなので、当然のことながらラマルクが生きた時代にはなかった。コレクションは後に収蔵されたものも多いが、その一部は現在の自然史博物館の前身であった王立植物園（ジャルダン・デ・ロア）の博物資料館に収蔵されていたものである。医学生時代にラマルクは、博物資料館をしばしば訪れ、やがて博物学への転身を決意することになる。

ラマルクの生い立ちと青年時代

本書の参考文献にあげたイヴ・ドゥランジュとパッカードによる伝記に基づきながら、ラマルクの生涯と功績をたどってみよう。

ジャン・バティスト・ド・モネ・ド・ラマルクは、一七四四年八月一日、ベルギー国境に近い北フランスのピカルディ地方のバザンタン・ル・プチという小さな村（現在のソンム県、ペロンヌ郡アルベール近郊にある）の領主の家の十一人兄弟の末子として生まれた。父親は騎士（シュヴァリエ）を名乗る最下級の貴族であったが、この時代の田舎貴族の子供の多くは、軍人になるか聖職者になるかの選択肢しかなかった。幼少期のラマルクについての記録はほとんどないが、孤独を好む少年であったと伝えられる。ラマルクの一族からは有名な軍人が何人も出ていて、本人は軍人になりたかったらしいが、そのためには訓練学校の寄宿費を払えるだけの金銭的な余裕が必要だった。一七五五年の家族会議では、兄の一人が戦死するという事情も影響して、ジャン・バティストを聖職者にするという決定が下された。彼はアミアンにあったイエズス会の学校に送り出されることになった。

生徒の多くは自分の家から通学していて、夜になると温かいわが家に帰ることができたが、地方からやってきたジャン・バティストを含めた貧しい生徒たちは神学校と呼ばれた寄宿舎の、息の詰まるような世界で孤独な生活を送らなければならなかった。特別の計らいで、楽器を弾くことを許された音楽室は、塀に閉ざされたこの世界で彼に大きな慰めを与えてくれた。

学校では、聖書や説教集の講読のほかに、ラテン語とギリシア語の文法、論理学、『ガリア戦記』をはじめとする各種の古典詩歌、悲喜劇なども勉強した。科学分野では数学やデカルトが教えられ、物理の実験もおこなわれた。ここで、ジャン・バティストの科学全般に対する関心が芽生えていったようだ。

一七五九年の暮れの父親の死は、ジャン・バティストに大きな転機をもたらした。彼は葬儀を終えた後、いったんは学校に戻るが、父親から無理強いされた聖職者への道に対する情熱の欠如を埋め合わせるかのように、武器をとって戦場に出たいという激しい想いが高まってきた。時あたかもヨーロッパは諸国を巻き込んだ七年戦争（一七五六〜一七六三）の最中で、フランス軍はプロイセンの戦場でおびただしい数の兵士を失っていた。そうした状況の中でジャン・バティストは、無為に過ごすことに耐えられず、戦線に身を投じたいと母親や修道女になっていた姉たちに何度も手紙を書くが、とりあってもらえない。思いあまって家族の友人で、ブロイユ元帥の近親であるラメット夫人に母親の説得を依頼する。これが功を奏して、母親は軍人になることを許してくれた。

ラメット夫人は、ウェストファリア（現在のドイツ領ヴェストファーレン）で軍務についていたラスティック歩兵連隊長に、この若者を連隊に編入してくれるよう推薦状を書いてくれた。ジャン・バティストは老いぼれた馬に乗り、二人の供を連れて徒歩で三週間をかけて合流地点に到着した。

以下に述べる彼の武勇伝については、ジャン・バティストの死んだ直後、息子のオーギュスト・ド・ラマルクが父親から聞いた話としてキュヴィエに送った手紙が唯一の証拠（キュヴィエによるラマルクへの弔辞に書かれている）なので、真偽のほどはわからない。

連隊長は青白い、見るからにひ弱そうな若者を見て腹を立てるが、受け入れるほかないことを認め、とりあえず自分の天幕に泊めることにした。翌朝、演習で彼が擲弾兵の先頭にいることを見つけた連隊長は、そこで何をしているのかと叱りつけ、下がって隊列に従えと命じた。ジャン・バティストは「連隊長殿、私はお役に立つためにここにいるのであります。連隊とともに戦闘に加わる栄誉を私にも下さい」と断固とした口調で答え、願いは叶えられた。

やがて一七六一年七月十四日、決戦の火蓋が切って落とされた。射撃兵の隊列の発砲に合わせて、擲弾兵が爆弾を投げる。プロイセン軍と一進一退の戦いを続けるなか、来るはずの支援部隊が到着せず、しだいにフランス軍は劣勢になっていった。ジャン・バティストのまわりの兵士が次々と倒れていき、隣にいた大尉の頭が吹っ飛び、すぐその後に中尉も倒れ、指揮をとる将校は誰もいなくなった。フランス軍は敗退し、彼らの中隊は前線に取り残されてしまった。生き残ったわずかな数の兵士たちは、ジャン・バティストに指揮をとってくれるように頼み、撤退するよう要望した。しかし彼は、命令があるまでここを離れないと宣言し、前線に踏みとどまった。やがて体勢を立て直したフランス軍が勝利し、その時になって中隊長は自分の中隊がいないことに気がつく。退却命令が伝わっていないことを知った連隊長は部下に救出を命じ、前線に潜んでいた中隊の生き残りは本隊に無事帰還できた。プロイユ元帥はジャン・バティストの勇気ある振る舞いに感銘を受け、彼を旗手に昇進させた。

この話を裏付ける直接の史料はないので、多分に誇張があると思われるが、少なくとも彼がただの青白いインテリではなく、実戦能力のある有能な戦士であったことを物語っている。その後、ラスティック連隊は各地を転戦し、ジャン・バティストは数々の軍功をあげて、この年の九月にはさらに昇進し中尉となった。

フランスに帰還したラマルク中尉はプロヴァンス地方のトゥーロン、ニースを経てモナコの駐屯地に赴くことになった。そこで彼は暇を見つけてはモナコ市街を散策して、庭園の植物や動物を観察し、自然界の多様さに目を開かれる。そうした散策の折りに、薬屋の店先でJ・B・ショメルの『有用植物綱要』を見てその便利さに驚き、兄に手紙を書いてこの本を買ってもらった。本を入手してからは市街の散策は植物発見行脚と化し、彼は軍人博物学者ともいえるような生活を送るようになる。ところがこの優雅な生活は、ある事故によって終止符を打たれる。将校仲間で誕生日パーティをしている時に、酔っぱらってふざけた仲間の一人が彼を頭から持ち上げて落とし、頸椎を損傷させた。様々な治療をつくすがいっこうに改善されなかった。彼は除隊を余儀なくされ、パリの病院に入院するが、病状はますます悪化した。ついには生命も危ぶまれるまでになるが、幸運にも当時最も傑出した外科医であったジャック・ルネ・トゥノンに紹介され、原因であった膿瘍の除去手術が成功し、生涯傷跡は残るものの奇跡的な回復をとげた。

パリでの遊学

二十二歳のジャン・バティストは、年額わずか四〇〇ルーブルの恩給をもって軍隊から世間に放り出された。しばらく故郷の母の元に戻って静養したが、ほどなくパリ近郊にすむ長兄に招かれてその館に一年間滞在し、音楽の演奏と読書にふけった。彼は、その間の読書を通じて啓蒙思想の洗礼を受ける。ディドロ、コンドルセ、ダランベール、ヴォルテールの思想、エチエンヌ・コンディヤックの『感覚論』、ジャンジャック・ルソーやビュフォンの本は、予断を捨てて観察できる事実を優先することを教えてくれた。こうして知的好奇心をかきたてられたジャン・バティストは、兄の反対を押し切り、パリに出て独立生活を決意する。

一七七〇年、二十六歳になったジャン・バティストは駅馬車でパリに向かい、薄汚い借家に居をかまえた。しかし、四〇〇ルーブルの年金だけではとても生活できないので、銀行で帳簿の仕分けという面白みのない仕事を一年ほど続けた。その頃、高齢になった母親は一人暮らしができなくなったことから、家屋敷を処分して修道院に身を寄せることになった。その際、屋敷の処分を取り仕切った長兄から、ささやかだが当座には十分な相続分を受け取った。ジャン・バティストは銀行を辞めて、その金でラテン区に転居した。

その後、一七七二年から医師を目指して医学校に通うようになるが、散歩がてらに王立植物園の博物資料館を度々訪れ、資料館の責任者であったルイ＝ジャン・マリー・ドーバントンの知己を得る。先に述べたように、この資料館で受けた感銘がジャン・バティストの博物学への情熱に火を付けた。資料館で最も関心を寄せたのはもちろん植物だが、貝類や昆虫の標本にも魅了された。

そうした資料館通いで年下の博物学者で貝類に詳しいブリュギエール（アンモナイトという化石名は彼の造語とされている）という青年と友人になる。彼の紹介で貝類愛好家たちのサロンに出入りするようになり、自らも貝の有名なコレクターになり、鑑定家として重宝がられるようになった（ラマルクのコレクションは、後に一八三四年から一八八〇年にかけて、ルイ＝シャルル・キーネによって『ラマルク貝類図譜』として刊行され、その美しい図の何点かは荒俣宏の『世界大博物図鑑・水生無脊椎動物』に収録されている）。この時代の博物学ブームの中でも貝類は扱いやすさもあって人気が高く、珍しい貝には一〇〇〇ルーブルもの値がつくことさえあった。

彼は、こうしたサロンへの出入りを通じて、王立植物園でおこなわれているような様々な学問の授業を聞いてみたいという欲求が高まっていった。この当時のジャン・バティストは、植物や貝類だけでなく、まさに博物に関心をもち、気象学や地質学、流体力学にも関心を寄せていた。やがて一七七六年からジャン・バティストは、医学校での受講を止め、王立植物園に通い、ベルナール・ド・ジュシューとその甥のアントワーヌ・ロラン・ド・ジュシューらの授業を聴講するようになる。ジャン・バティストの熱心な受講態度に感心したベルナール・ド・ジュシューは、近いうちに王立植物園の園長であるビュフォン伯爵に紹介しようと言ってくれた。ビュフォンとの出会いは、ラマルクの運命を好転させることになった。

ビュフォン園長の引き立て

浩瀚な『博物誌』の著者として名高いジョルジュ＝ルイ・ルクレール・ド・ビュフォン

伯爵（一七〇七～一七八八）は、啓蒙時代のフランス博物学を代表する人物で、本来であれば一章を設けて論じるべき重要な生物学者である。彼の理神論的世界観と斉一論（自然界の現象は過去も現在も同じ原理によって起こり、大きな変化は小さな出来事の積み重ねによって生じるという考え方）や自然発生説の容認は、ラマルクだけでなくジョフロア・サン＝ティレールをはじめ、多くの博物学者に影響を与えた。しかし、進化論をめぐる誤解と歪曲の歴史という本書の主旨からは外れるので、ここではビュフォンの学問的業績とラマルクへの思想的影響については詳しく論じない。ここで述べるのは、ラマルクが王立植物園で研究できるようにし、『フランス植物誌』の公費による刊行を実現したことなど具体的な影響についてだけである。

ジュシューとの話からしばらくして、面会の約束の日がきたが、ジャン・バティストは前もって「主要な大気現象について」という論文を書き上げ、ビュフォン園長に提出していた。園長との面会はドバートンが案内してくれた。そして、当時のフランスにおいて絶大な権力をもっていた園長は、この若者の才能を認めてくれたのである。

ジャン・バティストは、一七七八年の春にマリアンヌ・ド・ラ・ポルトという女性と最初の事実上の結婚（正式の結婚は彼女の死の直前の一七九二年）をした。そして、夏に長女ロザリーが生まれた頃には、ジャン・バティストは植物学者としてかなり経験を積んでいて、初心者にも使える植物図鑑を構想する。その当時の植物分類学では、世界的にリンネの方式が浸透しつつあった。しかし、リンネの方式は生殖器官を重視したもので、人為的な要素が強く、とりわけフランスでは人気がなかった。そのため、フランスではジュシュー一族による自然分類体系が考案されることになった。ジャン・バティストは、このフランスが生んだ分類体系に依拠しながら、誰でもが普通に使って植物の名前を言い当てることができるような図鑑をつくろうとした。そして、今日の植物図鑑でも採用されているような、主要な特徴の有無を基本にした二分検索法を考案し、フランス国内に自生するすべての植物を順次、科、属、種に弁別していき、最後にはフランス語の植物名にたどりつけるようにした。この企てはビュフォン園長に歓迎され、その後援を受けて王立印刷所から出版され、商業的にも大成功を収めて、印税がジャン・バティストの家計を潤した。この出版によって、ラマルクの名は広く学界に知られるようになる。おかげで彼は、空席となった科学アカデミーの準会員に推挙される。

生活の基盤が安定したラマルク夫妻は、王立植物園のすぐ近くのコポー通りに居を構え、ジャン・バティスト自身は友人のアンドレ・トゥアンとともにフランス各地を巡って多数の植物を観察・採集し、植物園で育てる植物とさく葉標本（押し葉標本のこと）の充実に大きな貢献をした。一七八一年には第二子が生まれ、トゥアンが名付け親となった。一方、ルイ一五世の寵愛を受け四十年以上にわたって園長の座にあったビュフォンは、一七七一年に重病にかかったため、息子の小ビュフォンを後継の園長にしたいと切望し、ラマルクにその教育係を託した。そして二人は、ヨーロッパ各国の関係者に顔を売るために、オランダのアムステルダム、プロイセン王国のケルン、ベルリンからプラハ、ウィーンを経てミュンヘンまで、各地の大学や植物園を訪問して著名な博物学者たちに面会し、貴重な情報を収集した。しかし、十七歳の小ビュフォンはわがまま勝手な振る舞いに終始し、手に余ったラマルクはビュフォンに手紙を書き、旅を切り上げてパリに帰還することになる。

世界を周遊し自ら辺境の地に分け入ったピエール・ソンヌラ、ブーガンヴィルの航海に随行したフィリベール・コメルソンら多くの探検博物学者が持ち帰ったコレクションが、ラマルクのもとに集まってきた。この豊かな資料を元に、彼は一七八二年にかねて依頼されていた『系統的百科全書』(『百科全書』の後続企画としてパリの出版業者シャルル＝ジョセフ・パンクークが一七八二年から開始した百科事典。全二〇八巻まで刊行されたが未完に終わった)の植物学の巻の執筆に着手した。その第一巻と第二巻は一七八三年と一七八四年に出版され、一七八三年には科学アカデミーの植物学部門の正会員となり、一七八六年と一七八七年には第三子と第四子が続けて生まれた。ラマルクの人生は絶頂期にさしかかっていた。

一七八八年四月、病の床にあったビュフォン伯爵は息を引き取った。何事も派手を好んだ息子の小ビュフォンは、十四頭立ての馬車で引かなければならない巨大な鉛の棺をつくらせた。葬儀には六十人以上の聖職者が出席し、二万人近くの見物客に見守られる中、遺体はモンパールの教会に運ばれ、そこに葬られた。しかし、ビュフォンのこの盛大な葬列は、旧体制の崩壊を告げる弔鐘でもあった。

動乱の時代

翌一七八九年六月に国民議会の成立が宣言され、七月にバスティーユ監獄の襲撃が起こり、革命の嵐が吹きあれ、旧体制は崩壊した。啓蒙主義者で、イエズス会や軍隊で封建制度の弊害に悩まされてきたジャン・バティストは、この革命を歓迎した。平等主義に賛意を表し、それまで貴族の証として使っていたラ・マルクをやめて、単にラマルクと名乗るようになる。

王立植物園と王立資料館の職員（印税収入が途絶えて困窮していたラマルクをみかねて、友人でもあったビヤリドール園長が一七八八年に年俸わずか一〇〇〇ルーブルながら、王立植物園さく葉管理官という役職をつくって、彼をその地位につけてくれたので、彼も職員の一人だった）は、共和制下における自分たちのあり方を問われることになった。一七九〇年に国民議会の財政委員会は王立植物園と資料館の経費削減を決定していて、さく葉管理官という職は廃止されることになっていた。この情報を耳にしたラマルクは直ちに行動を起こし、国民議会に対して自分の仕事がいかに重要であるかを説き、博物館や資料館が新しい国家にとっても有効に機能するための機構改革を具申する意見書を提出した。この意見書は功を奏し、財務委員会は年俸一〇〇〇ルーブルの彼の職を維持した（一七九二年には一八〇〇ルーブルに昇給された）。彼の機構改革案は、王立植物園と資料館を統合して国立博物館とし、博物資料の収集・研究と教育の機関とすべきだという改革案であった。このラマルクの構想の大部分を受け継ぐ形で、一七九三年六月に、国民議会は自然史博物館の創設を可決することになる。

園長ビヤリドールは辞職し、職員のほとんどはドーバントンが新園長になるものと期待したが、内務大臣は自らの影響下にあるベルナルダン・ド・サン＝ピエールを後継に指名した。

やがて革命派と王党派の対立は一七九二年に革命戦争へと発展し、九月には国民公会が招集されて、王政の廃止と共和国の樹立が宣言される。その結果、国王ルイ一六世や、王妃マリー・アントワネットの処刑を皮切りに多くの血が流され、ついにはロベスピエールによる恐怖政治の時代へと移行する。ラマルクの友人や知人にも多くの犠牲者がいた。ラヴォワジエは処刑され、コンドルセは牢獄で自殺した。恩人ビュフォンの息子、小ビュフォンも、一七九四年に断頭台の露と消えた。そうした血なまぐさい事件の続く最中の一七九二年九月、六人の子どもの母親で病弱だったラマルクの妻のマリアンヌ・ロザリーは息を引き取ったが、弔意を告げる鐘はもはやパリの教会からは姿を消していた。

フランスの政情は安定せず、一七九四年にロベスピエールはテルミドールの反乱で失脚し、処刑される。その後、一七九五年から総裁政府、一七九九年から一八〇四年までは執政政府と目まぐるしく統治形態が変わるが、やがて一八〇四年にナポレオン・ボナパルトが実権を握り、第一帝政と呼ばれる軍事独裁政権が成立することになる。

自然史博物館動物学教授

先に述べたように、ラマルクの提案の相当部分を取り入れた形で国立自然史博物館が正式に発足したが、そこには植物学関連に三つ、動物学・化学・解剖学に各二つ、それに鉱物学・地学・図絵法に各一つ、計十二の教授職が用意され、年間十万ルーブルの歳費が予算計上されることになった。基本的には旧体制下での教授および実験助手が昇格する予定だった。植物学の三つのポストについても、かつての植物学教授ルネ・デフォンテーヌ、その助手だったアン

ラマルクが1794年から1829年まで住んだビュフォン館の絵。1886年A. ドゥロイによる。（パッカードの伝記より転載）

トワーヌ・ローランド・ジュシュー、および園芸主任だったアンドレ・トゥアンが就いたので、ラマルクが入り込む余地はなかった。

しかし、ラマルクは植物学だけでなく貝類の研究でも知られていたので「昆虫類、蠕虫類および微生物」担当の教授に推挙され、もう一つの脊椎動物担当教授には、ビュフォンの後継者で本命視されていたラセペードが政争に巻き込まれて追放されたので、新進気鋭のエティエンヌ・ジョフロア・サン＝ティレールが登用された。俸給はどの教授も等しく約二九〇〇ルーブルであった。自然史博物館のこのような構成は、本格的な職業的科学者の誕生という点で、科学史上画期をなすものといえる。

一七九三年、ラマルクは四十九歳にして、それまで研鑽を積んできた植物学を捨て、無脊椎動物学に転身することになるが、これは大きな転機であり、動物学における偉大な業績の出発点でもあった。ちなみにこの年、ラマルクは十九歳の献身的な乙女、シャルロット・ルヴェルディと再婚し、翌一七九十四年に第七子をもうけた。一家はかつてビュフォン伯爵が住んでいた邸宅の三階に居を構えることになる。

ラマルクの個人的な事情にもう少し触れるならば、一七九六年にピカルディ地方のフォルムリー近郊にあった亡命貴族の別荘の利用権を取得する資金を調達するために、長年の貝類コレクションを五〇〇〇ルーブルで売却しなければならなかった。別荘地で一家が過ごした幸せな時期は束の間で、一七九七年に二人目の妻シャルロットも、一月に女児を産んだ後十一月に二十四歳の若さでこの世を去った。ラマルクはその翌年、三人目の妻ジュリー・マレットと結婚する。

ラマルクの担当分野は、現在なら無脊椎動物と称されるものだが、「昆虫類と蠕虫類」という呼び方はリンネの分類方式を踏襲したものであった。リンネの『自然の体形』（第十版）における動物の分類は、六つの綱に大別されており、脊椎動物には哺乳綱（初版では四足綱）、鳥綱、両生綱、魚綱、無脊椎動物には昆虫綱と蠕虫綱（VERMES）しか含まれていなかった。蠕虫綱はほとんど研究されていなかった昆虫以外のあらゆる小動物を寄せ集めたものだった。

さて、教授としての義務は年四十回の講義をすることで、ラマルクはこの講義を通じて無脊椎動物の体系的な分類に取り組むことになる。公開の講義だったので、学生だけでなく一般人や文学者も聴講した。作家のバルザックやサント・ブーブがその講義に感銘を受けたことはよく知られている。最初の年（一七九四年）の講義では、無脊椎動物を、軟体類、昆虫類、蠕虫類、棘皮類、ポリプ類の五綱に分けていたが、その後の研究とともに逐次変更を重ね、一八〇七年の講義では、軟体類、蔓脚類、環虫類、甲殻類、蜘蛛類、蠕虫類、放射相称類、ポリプ類、滴虫類の十綱に分けた。この時代の綱は現在の門に相当するもので、ラマルクがつくったこれらの門の名の多くは現在でも使われている。皮肉にも、この分類作業に大きな貢献をしたのが、新規に教授陣に加わり将来の宿敵となるキュヴィエの比較形態学の研究であった。いずれにせよ、脊椎動物に対比される概念としての無脊椎動物（Invertebrates）という言葉をつくったのはラマルクであり、学問としての無脊椎動物学の創始者でもあった。ちなみに、それまでの分類学者はアリストテレス以来の伝統に従って、脊椎動物と無脊椎動物を有血動物と無血動物と呼んで区別していた。

講義は、脊椎動物のなかで彼が最も下等と考えた滴虫類（てきちゅう）（現在の分類でいえば主として繊毛虫類を指すが、それ以外の微小動物も含まれていた）の解説から始まり、ついでポリプ類（現在の分類における輪形動物、刺胞動物、海綿動物、苔虫類、棘皮動物のウミユリ類などが含まれていた）、次に昆虫類というふうに、単純で下等な動物からより複雑で高等な動物に向かって順次おこなわれていった。この講義の内容を深めたものが、最終的に『無脊椎動物誌』という本にまとめられる。

その一方、ラマルクは一七九五年に創設されたフランス学士院（科学アカデミーもここに統合された）の正会員に任命され、気鋭の植物学者オギュスタン＝ピラミュス・ド・カンドルと親交を深め、彼に『フランス植物誌』改訂版を託すことになる。

ラマルクの生命観

ラマルクの生命観は、ある意味で矛盾に満ちていて難解である。その難解さはラマルクが生きた時代の科学者のあり方と深くかかわっていた。フランス革命によって初めて職業的な科学者が出現したわけであるが、それ以前の科学の担い手は、他に生活基盤をもつ知的好奇心に溢れた有閑階級のアマチュアだった。そして、自然科学自体は哲学の特殊分野としての自然哲学であった（科学者（scientist）という言葉自体も、ずっと後一八三四年にウィリアム・ヒューウェルによってつくられたものである）。

自然哲学であるということは、一つの哲学的体系を個別の科学的事象に演繹的に適用するか、個別の科学的事象から帰納的に哲学的体系を構築するかのいずれかしかない。ラマルクはこの二つの方法を併用したが、そこに矛盾が生じる余地があった。ラマルクが依拠した自然哲学の一つは、ニュートンの理神論的な世界観であった。すなわち、神のつくった宇宙に法則性があり、生命を含めたすべての現象は物体に作用する力と運動によって説明できるという信念だった。それゆえ、ラマルクは生物学だけでなく地質学や気象学を含めた地球学的な学問を構想していた。その証拠の一つを一七九四年に出版された『主要な物理的事実の原因についての研究――特に燃焼の原因、蒸気になった水の上昇の原因、固体間の摩擦により生じる熱の原因、急激な分解・沸騰や生きた動物の体内などに認められ熱の原因、特定の複合物質の腐食性・味・臭いの原因、物体の色の原因、複合物やあらゆる鉱物の発生原因、そして有機体の生命維持・成長・活力・衰弱・死の原因について』というう長々しいタイトルの著作に見ることができる。まるで大統一理論でもつくろうかという意気込みである。

しかし、ラマルクの科学思想の特異性は、このような大構想が、思弁的な議論だけでなく、実用的で、役に立つ知識でなければならないという考え方にも支えられていることである。彼の『フランス植物誌』が目指したのは、実用的に使える図鑑だったし、一八〇〇年に出版された『気象年報』は「農民、医師、海員向け」という副題がついているように、その目的は天候を相手にする職業人に対する実用的情報の提供であり、雲の観察などの気象データに基づいて、統計的に天気を予測するという点で、まさに世界最初の天気予報の試みといってよかった。

一方、博物学者としてのラマルクは、鋭い洞察力に恵まれていた。自然界を体系化するにあたって、生命の本質である有機性に着目し、無生物と生物（植物および動物）を峻別して、生物学（Biology）という学門分野をつくったのは、彼の重要な功績である。無脊椎動物の現在の門に相当する分類区分はおおむね正しく、現在でも継承されているという事実は、彼の分類学者としての有能さを示している。しかし、哲学について論じるときには、時代の自然哲学が壁となる。

ラマルクの『動物哲学』は、世間的には彼の進化論の書のごとく受け取られているが、ここで論じられているのは動物分類の哲学である。ラマルクの分類の眼目は、リンネ的な人為分類に代わる自然の実態により近い分類体系をつくることであった。リンネ的な分類は、神の設計（デザイン）による秩序を明らかにしようとするものであり、いわば生物のカタログつくりで、新しい種が見つかれば空いたところに書き入れるといった静的なものであった。それに対してラマルクは、生物の実態を反映した動的な分類体系を目指した。ただ、もともと『フランス植物誌』においても「リンネ分類」に批判的ではあったものの、当初は種の不変性に異議を唱えるところまではいっていなかった。

種が変わりうるという認識を、彼が初めて公に述べるのは、一八〇〇年春の一回目の講義においてであり、翌年に『無脊椎動物の体系』という本の序文として発表したものである。その詳しい論拠は『動物哲学』で展開されているが、この回心の契機は、間違いなく、研究の対象を植物から無脊椎動物に転じたことにあったと筆者は考える。植物と違って、動物、とりわけ無脊椎動物では個体変異が著しく、それが分類を困難にしている。種の境界はしばしば曖昧で、中間形のようなものも頻繁に見られ、おまけにそれが環境要因と相関しているように思える。優れた観察者であれば、種の境界が絶対的なものではなく、種が変わりうるのではないかという考えにたどりつくことはむしろ自然であった。

ラマルクは、『動物哲学』第一部の最終目的を、「動物の自然秩序（order naturel）の考察および、最も適切な分類の配列（distribution）と分類の区分（classification）の提示」だと書いている。無脊椎動物の世界全体を体系的に整理する作業に取りかかったときにラマルクが最初に着目したのは、様々の動物のあいだに体のつくり、すなわち体制の変化であった。最も不完全なものから最も完全なものへと、単純なものから次第に複雑になっていくという系列が存在することに気づいたのだ。それを手がかりにすれば、体系的な分類が可能ではないか。

しかし、いかなる基準で完全とか不完全を判断するのか。この点について彼は、人間を最も完全な存在として、次第に下等になっていく生物を序列化するというアリストテレス的な存在の階梯に囚われていた。ゆえに知能の誕生を導く感覚能力（sentiment）を動物の最も重要な特性と考え、知能動物（魚類・爬虫類・鳥類・哺乳類）、感覚動物（昆虫類・蜘蛛類・甲殻類）、無感覚動物（滴虫類・ポリプ類・放射相称類）という区別を立てる。ただし、無感覚動物にも被刺激性（irritability）という、今日なら反射というべき感覚反応を認めていた。

これから各綱（現代の分類の門に相当）の分類も、人間の体制との違いの距離によって区別される。ラマルクは、この綱の系列が系統的な類縁関係を表すものとみなし、配分と呼んだのである。これは、体制の違いに基づく系統分類表であるが、そこには系譜的な進化系列という意味が内包されていた。これに対して、分類の方は、ほとんど外部形態の比較のみによる古典的な概念である。ダーウィンの場合には、個体変異から変種、亜種、属、科、目、綱に至るまで、一貫した分類基準が用いられるのに対して、ラマルクでは、大分類（綱）と下位分類で異なる基準が用いられる点で、まだ一八、一九世紀的な世界観を完全には脱却できていない不徹底さが見られる。

進化のメカニズム論『動物哲学』は、先に述べたように自然な分類体系の構築を主たる目的としたものであったが、その自然な系列は、時間的に形成されたものであるという認識が、種の進化（当時の用語では種の転成（transformation））を認めることにつながった。そのため、この本は進化という事実が初めて公に認められた著作として、多くの人の記憶にとどめられることになった。

この本は三部からなり、第一部は動物の分類、第二部は動物の生命原理の理学的な解明、すなわち生理学的な記述であり、第三部は感覚、心理的現象の理学的な原因を論じている。

進化について書かれているのは、種が不変ではないことを論じた第一部の第三章である。概要は次の六項目にまとめられる。

① 地球上のすべての生物体は自然が長い時間のうちに生成したものである。
② 自然は最初に自然発生によって最も単純な粗型の生物体をつくる。
③ 適切な場所と環境の下につくられた最初の粗型は、時間とともに器官および部位を発達させ、多様化する。
④ それぞれの生物体の発達能力は最初から備わっていて、異なった生殖・繁殖様式を生じることによって、体制および形態における獲得された進歩や多様性が維持される。

⑤　長い時間のうちに、環境と習性の変化が内在的な力の助けを借りて、今日見られるような多様な生物が形成された。
⑥　種はこのようにして生じたものであるから、絶対的に不変ということはありえない。

さらに第七章では、そうした前進的変化が可能になるメカニズムとして、よく知られている「用不用」（第一法則）と「獲得形質の遺伝」（第二法則）の二つの要因をあげている。ラマルクの進化観は、実は『動物哲学』の後に出版される『無脊椎動物誌』においてより明解にされていて、そこでは進化に関する四つの法則がまとめられている。

①　生命は体を限界まで増大させる内在力をもつ。
②　新たな器官は、新たな欲求（desire）とそれが求める運動の結果として生じる。
③　器官の発達の度合いはその使用頻度に比例する。
④　一生の間に獲得された変化は子孫に遺伝する。

ラマルクの進化論を要約すれば、各分類グループはまず単純な祖型として自然発生し、それが時間の経過の中で環境の変化が強いる必要に応じて、複雑化・多様化していく。その変化は生物のもつ内的な能力に支えられていて、獲得形質の遺伝によって推進される。

そして、最も長い進化の時間をもつものが最も高度に進化し、最も進化時間の短いものが下等な生物だということになる。

この考えを模式的に表せば、それぞれの動物群（現在の門に相当する綱）はそれぞれの祖型から並行的に進化してきたことになる。これは、単純なものから複雑なものへと木の枝のように分岐していくダーウィンの図式とは著しく異なる。しかし、ラマルク自身も、実際的な観察家として、進化的な類縁関係を無視できず、『動物哲学』の「第七章および第八章に関する補遺」に添えている表では、部分的に分岐的な進化の系譜を採用している。つまり、ここでもまた自然哲学に依拠した演繹的なトップダウンの考え方と研究者としての事実認識からボトムアップする帰納的な考え方の相克が見られるのである。

ラマルクが進化のメカニズムとして想定した獲得形質の遺伝は、二〇世紀における遺伝学の発展によって否定されるのだが、遺伝という現象にまだまったく何の科学的切り込みがなかった時代であることを考えれば責められない。種が不変ではないということの明言と、動物の特徴的な形態が環境変化への適応によって生じたという指摘の先見性には、しかるべき敬意が払われるべきである。

痛ましい晩年

『動物哲学』が刊行された一八〇九年は、ナポレオンが帝位に就いてから五年目の年であり、フランス革命の精神はいたるところで踏みにじられていた。啓蒙主義者ラマルクにとって、ナポレオンの栄光は決して喜べないものであり、災いであるといってもよかった。『動物哲学』の第二版の復刻版に長い序文を寄せたシャルル・マルタンは、ラマルクの出現があまりにも早過ぎたのだと嘆じているが、それについて八杉龍一は、『近代進化思想史』の中で、逆に遅過ぎたのではないかと指摘している。確かに、大歴史家で博物誌の著者としても知られるジュール・ミシュレは、著書『海』の中で無脊椎動物を「取るに足らない下層民」になぞらえ、無名の存在に光を当てた英雄としてラマルクを讃えている。革命期に『動物哲学』が出ていれば、そうした文脈において熱狂的な歓迎を受けたかもしれない。

ラマルクにとっての第二の不運は、宿敵キュヴィエが時の為政者の寵愛を受け、絶大な権力を得たことだった。確執の詳細については次章に譲るが、ことあるごとにキュヴィエはラマルクを誹謗した。広く知られている逸話だが、一八〇九年の年の暮れに学士院の会員たちが皇帝ナポレオンに拝謁を得る機会があり、その際にラマルクはできたばかりの『動物哲学』を献呈しようとした。ナポレオンは、「これは何の本だ、ろくでもない気象年表か。博物学だけやっていればいいものを。この本はお前の白髪に免じて受け取ってやろう」というようなことを言って、読みもせずに副官に手渡したとされる。キュヴィエがラマルクの悪口を皇帝に吹き込んだことに疑いの余地はなかった。

ラマルクは、老齢になるとともに視力が衰え、一八一九年にはついに失明する。三番目の妻のジュリーもこの年に亡くなった。八人の子どもたちも次々と世を去り、今や彼の身のまわりを世話するのはロザリーとコルネリー、二人の娘だけだった。しかし、訪ねてくる人もほとんどいなくなった貧しい生活の中でも、ラマルクの学問的情熱は燃え尽きることはなく、コルネリーに口述筆記をさせながら、自らの哲学と方法論をまとめた『観察に直接または間接に由来する知識に限定された人間の知識の実証的知識の分析体系』を自費出版し、未完だった『無脊椎動物誌』を完結させた。

一八二八年を最後に学士院に通う体力もなくなったが、同僚会員たちはラマルクの境遇を憐れみ、出席扱いにすることにした。家計が苦しくなっていくラマルクは、貴重なコレクションを切り売りしながら、次第に貧困に向かっていた。そしてついに、一八二九年の年の瀬に、老ラマルクは二人の娘に見守られ、八十五歳の生涯を閉じた。

パリのサン＝メサール教会で葬儀がおこなわれ、愛弟子のラトレイユと学界におけるほとんど唯一のラマルク支持者だったジョフロワ・サン＝ティレールが、心のこもった弔辞を述べたが、キュヴィエが用意していた哀悼の辞（次章でとりあげる）はあまりにも手厳しいものだったので他の会員から読むのを止められた。遺体はモンパルナス墓地に葬られたが、永代供養の墓を買えなかったために、墓所はいつの日からか行方知れずになってしまった。伝記作者のパッカードは、実地に赴いて探したがわからなかったと書いている。

ラマルクに対する後世の評価

時が経つとともに、無脊椎動物分類学者としてのラマルクの功績は忘れられ、進化論の先駆者、それも獲得形質の遺伝を主張する「用不用説」の提唱者としてのみ、人々の記憶にとどめられることになったのもまた、ラマルクにとって不幸だった。

ダーウィンの自然淘汰説が、メンデル以降の遺伝学の発展により総合説として洗練されるとともに、二〇世紀において獲得形質の遺伝は否定され、ラマルク説は正統的な進化論から排斥された。しかし、ダーウィン説に反対する陣営から、ラマルクの名は不死鳥のように、時折頭をもたげるのである。

ダーウィン主義に対して、生物学の事情に疎い多くの人々が抱く違和感は、進化が偶然任せで、生物の主体性を認めないことにある。人間がそのような無情なプロセスを経て進化したと認めるのは、自らの尊厳が損なわれるような気がするからかもしれない。それに対してラマルクは、生物の側に変化の主体性を認め、努力や教育の進化的な意義を認める。このような違和感を進化の理論として主張するのが、ネオ・ラマルク主義と呼ばれるものである。

ネオ・ラマルク主義の一つの潮流は、進化の原動力として生物の主体性を認める定向進化説である。この説は、エドワード・コープやヘンリー・オズボーンのような古生物学者によって提唱された。ウマやゾウの化石を年代順位に並べてみると、一定の方向性が見られることからの推論であった。表面的には、まるで特定の方向に向かって進化していくように見えるから、内的な動因を想定したくなるのだ。しかし、後にゲイロード・シンプソンが明らかにしたように、連続しているように見える化石も、実際には多様に枝分かれをした系統の化石を、恣意的に並べたにすぎなかった。また、牙や角が巨大化し過ぎて絶滅した種の存在を、抗いがたい進化的傾向の証拠として定向進化説を主張する学者もいたが、現在では性淘汰のランナウェイ仮説によって巨大化を説明できる。いずれにせよ、定向進化を裏付ける生物学的なメカニズムが見つからないため、いまやこの説を唱える学者はほとんどいない。

もう一つのネオ・ラマルク主義の潮流は、獲得形質の遺伝を主張するものである。そもそも、一九〇〇年にメンデルの法則が再発見されるまで、遺伝のメカニズムについては何もわかっていなかったため、獲得形質が遺伝するかどうか科学的に説明することができなかった。それゆえ、多くの進化論者が獲得形質の遺伝を肯定していた。他ならぬダーウィンでさえ、その可能性を否定しなかったし（それどころか、『人間の由来』の第二版の序で、わざわざ用不用の遺伝的重要性を強調している）、本書の後の章で述べるハーバート・スペンサーもエルンスト・ヘッケルも獲得形質の遺伝を認めていた。集団遺伝学と自然淘汰説を統合した総合説の誕生と、その後の分子生物学の発展によって、遺伝の分子的なメカニズムが明らかになったことにより初めて、獲得形質の遺伝は科学的に否定されることになったのだ。

しかし、より適応的な変異をもつ個体がより多くの子孫を残すことによって進化が起きるとするダーウィン説よりも、個体の適応的な変異が遺伝的に累積されていくことによって進化が起こるというラマルク的な見方の方が、直感的には受け入れやすい。ダーウィン的な進化は普通、人間の一生のような短時間には見えないからでもある。日常的に生物を観察している生物学者がラマルク的な見方に魅力を感じることは責められない。それゆえ、ダーウィン説を認めながらも、獲得形質の遺伝もあるのではいかと思っている「隠れラマルク主義者」は今でもたくさんいるような気がする。実際に、サンバガエルで獲得形質の遺伝を証明しようとしたカンメーラーを初めとして、これまで数多くの生物学者が獲得形質の遺伝を証明しようと試みてきたが、それらはことごとく失敗してきた。

にもかかわらず、ネオ・ラマルク主義が現在でも一定の人気を保っているのには、歴史的な事情もある。第三章および第四章で述べるように、進化論は生物学の理論としてよりも、むしろ進歩史観、帝国主義・植民地主義を補強する理論として社会に受け入れられたという事情がある。自然淘汰による最適者生存説は弱肉強食の論理に置き換えられ、優越者による劣等者の支配を正当化する論拠とされてしまった。これは本来のダーウィン説とは似て非なるものであるが、ここからダーウィン主義が権力者の主張であり、遺伝的決定論であるという誤解が生まれた。

平等な社会を希求する政治的なリベラル派や、教育や学習の効果を重視する社会科学者たちが、一握りの優秀者を進化の原動力であるとするダーウィン主義よりも、個々人の努力の集積によって社会が進化するというラマルク的な進化観に親和性をもつのには、こうした歴史的背景がある。しかし、改めていうまでもないが、ダーウィン説は生物進化を説明できるいまのところ最も矛盾の少ない理論であるが、社会の進化を説明する理論ではない。それは科学理論の誤用である。平等な社会を希求する人々は、ネオ・ラマルク主義のような誤りであることがわかっている生物学の理論に依拠するのではなく、自らの社会学的な理論をもって対抗すべきなのである。

とはいえ、完全に否定されたかに見えた獲得形質の遺伝について、近年ささやかな復活の兆しが見られる。ラマルク説を決定的に否定した分子生物学のその後の発展が、ヒトゲノム計画以降の詳細な遺伝子発現メカニズムの解析を可能にし、その中でエピジェネティクスという後天的な遺伝子発現調節・修飾機構が明らかになってきた。驚くべきことに、その後天的な遺伝子修飾の一部が遺伝性をもつことがわかってきた。もちろん、これはラマルク主義的な進化の証拠ではないが、獲得形質の遺伝が絶対的に存在しないわけではないという意味では、一度は完全に消え去ったラマルクの灯火を、小さな豆ランプのような形で現代に甦らせるものと言えなくもない。

ともあれ、ラマルクの恨みは、ラマルク主義を擁護することによってではなく、ラマルクの業績を彼が生きた時代の中で正当に評価することによってしか晴らされないはずである。

第二章　生物学の革新を目指した保守派の巨魁｜キュヴィエ

　ラマルクの宿敵キュヴィエは、比較解剖学、古生物学の創始者、そして進化論に関しては天変地異説の提唱者として生物学史に名を残す巨人だが、日本ではなぜか人気がなく、その個人的な歴史について詳しく書かれた日本語の本も翻訳書もほとんどない。ここでは、サラ・ボウディック・リーによる伝記やアペルの『アカデミー論争』その他を参考にしながら、彼の生涯をたどってみよう。

天才少年の誕生

　ジョルジュ・レオポルド・クレティアン・フレデリック・ダゴベール・キュヴィエという長々しい正式名（フレデリック・ダゴベールは地元の有力貴族で名付け親のワルトナー伯爵の洗礼名に由来する）をもつキュヴィエが産声をあげたのは、一七六九年の八月二十三日で、アレクサンダー・フォン・フンボルトと同じ年の生まれになる。生まれた土地は、ヴュルテンベルク公国のメンベルガルトで、この公国そのものは現在ではドイツ連邦共和国の南西部にあってスイスと国境を接する地域である。しかしメンベルガルトの町はこの公国の西南端、現在のフランス領内にあって、一七九三年にフランス領となり、モンベリアールと呼ばれるようになった。モンベリアールの市庁舎前の広場には生誕の地であることの証しとして、キュヴィエの銅像が建っている。ヴュルテンベルク公国は長きにわたってフランスのブルボン王朝とオーストリアのハプスブルク王国の係争の地であり、いくども軍靴に踏みにじられた。キュヴィエが生まれた当時は、カール・オイゲン(在位一七三七〜一七九三)の治世だった。

キュヴィエ家は、もともとジュラ山地のスイス領内の村の住人だったが、ユグノー戦争で破れたカルヴァン派が多数流入したために(彼らがスイス時計産業の基礎を築いた)、ルター派のキュヴィエ家は宗教的な争いを避けて、祖父の代にメンベルガルトに移り住んだのである。この地はフランス語圏内における数少ないルター派の拠点であった。父親のジャン=ジョルジュ・キュヴィエは、聖職者や役人の家系であった一族の伝統を破って、スイス、フランスの軍隊で四十年の勤務を経て退役した下級将校であり、年金生活者だった。二十一歳も若い妻との間に三人の男子をなしたが、次男ジョルジュを妊娠中に四歳になっていた長男を亡くしている。三男フレデリックは、長じて次兄ジョルジュと同じ動物学者になった。

長男の死は妊娠中の母親の健康を著しく損なったために、次男ジョルジュも虚弱に生まれ落ち、無事大人になるまで育たないのではと危ぶまれた。母親は、ジョルジュの健康に細心の注意を払って育てるとともに。教育にも熱心だった。敬虔なルター派の信徒だった母親は息子を聖職者にしようと英才教育をする。ジョルジュは幼い頃から読み書きを教えられ、四歳ですらすら文を読むことができるようになっていた。さらに母親は、幼いジョルジュを毎朝小学校まで連れて行き、自分はラテン語がまったくわからないのに、聞いた授業を忠実に復唱させるようにした。そのため彼は、実際に学校へ通うようになる年齢になった時には、他の誰よりも学業の準備が整っていた。また、優れた歴史書や文学書を与えて、読書や知識に対する情熱を涵養した。こうした母親の英才教育は功を奏し、学校ではラテン語、ギリシア語、歴史、地理、数学などあらゆる科目でクラスの首席だった。また、十二歳の時にはビュフォンの全三十六巻の『博物誌』のほとんどを諳んじていて、この歳にして、どんな大人にも負けない豊かな博物学の知識をもっていた。

さて、彼の神童ぶりはヴュルテンベルク公の知るところとなり、一七八四年、十四歳の時に、ヴュルテンベルク公カール・オイゲンが公国の首都シュトゥットガルトに創建したカルルスシューレ大学（元は軍人養成学校だったが、一七八一年に大学に改組されていた）に学費免除で入学する。ここでも九カ月前に着いたばかりでドイツ語がほとんど理解できなかったにもかかわらず、現地のドイツ人学生と争って首席となった。また、芸術的才能にも恵まれ、ビュフォンの本の挿絵を模写し、自分の論文や本に自ら多数の挿絵を描いた。

この学校の博物学教授で植物学者あったヨハン・シモン・フォン・ケルネルからリンネの『自然の体系』を教えられ、それがキュヴィエの人生の方向を決めた。彼は多くの植物、昆虫、鳥を採集し、驚くほど正確に記載した。多数の賞を受け、四〇〇人の学生のうちで数人にしか与えられないシュヴァリエという称号も獲得した。

一七八八年に大学を卒業した後、あと二、三年も辛抱すれば政府の高い職務に就けることは約束されていたが、フランスの政情不安のために父親の年金も滞っていて、実家が経済的に困窮していたので、それまで待つことができなかった。また、キュヴィエに目をかけていてくれたヴュルテンベルク公の弟がドイツに戻ったため登用の望みも薄れていた。そこでキュヴィエは、ノルマンディの裕福なプロテスタントのエリシー伯爵家の一人息子の家庭教師をすることになった。この地方はフランス革命の騒乱から隔てられた比較的平和な場所で、彼はここで上流階級のマナーや立ち居振る舞いを身に付けた。家庭教師のかたわら、博物学の主要な古典を読破し、最新の論文に目を通し、実際に多くの植物を採集し、海岸の生物、ことに軟体動物の調査をし、様々な動物を解剖して詳細なスケッチを描いた。地層の調査などもおこない、十九歳にして当時のパリのどんな博物学者にもひけを取らない学識を備えていた。そして、いつかはパリに出たいと野望を秘めた若者に、やがて運命の女神が微笑むことになる。

二十五歳になって家庭教師の役割を終えたキュヴィエは、伯爵の紹介で同じノルマンディのヴァルモンという町の農業問題を論じる委員会の事務長となる。そして、この委員会の会合によく顔を見せていたある人物と知り合いになる。恐怖政治を逃れて、偽名でノルマンディに蟄居していた科学アカデミーの会員アンリ＝アレッサンドル・テシエだった。キュヴィエは彼の学識から、その人物が『百科全書』の「農業」の項の著者であることを見破り、親交を深めた。テシエはこの無名の若者の才能に驚嘆し、パリに住む友人のアントワーヌ・ジュシューやジョフロア・サン＝ティレールに手紙を書き、彼の論文やスケッチを送った。

ジョフロア・サン＝ティレールの招き

テシエから送られてきた論文を読んだジョフロアは、たちまちその豊かな学識に魅了されてしまう。ジョフロアは、キュヴィエを世に出した恩人であるとともに、晩年においては激しく罵りあう不倶戴天の敵でもあったので、彼について説明しておかなければ話が進まない。ここでちょっと横道に逸れて、ジョフロアの経歴を簡単に述べておこう。

ジョフロアは、パリ近郊のエタンプ（エソンヌ県）という町で一七七二年に生まれ、キュヴィエより三歳下になる。父親は町の検事や判事を務めた法律家で、十四人兄弟の七番目の子であったジョフロアを聖職者にしたいと考えていた。ジョフロアは幼い時から学問への情熱をもち、エタンプ在住の農学者であったテシエから博物学の手ほどきを受けたとされる。彼は聖職者の資格を得るためにパリのコレージュ・ド・ナヴァール（当時はソルボンヌ大学と並び称せられた名門大学だったが、フランス革命の際に閉鎖され建物はナポレオンによってエコール・ポリテクニクに帰属させられることになった）で学ぶが、実験物理学者のマテュラン・ジャック・ブリソン（若い頃には鳥類学の本も書いている）や植物学者のベルナール・ド・ジュシューなどから教育を受けるうちに自然科学に魅せられる。さらに勉学を続けたいと親に願い出て、弁護士になるという条件でパリ大学の前身であるコレージュ・ドゥ・カルディナールに寄宿生として入学する。そこでラテン語を教えていた鉱物学者の老ルネ・ジュスト・アユイと知り合い、彼に連れられて王立植物園に足繁く通うようになった。また、コレージュ・ド・フランスでおこなわれたルイ＝ジャン＝マリー・ドーバントンの鉱物学の講義も受講した。

ところで、このドーバントンこそ、ビュフォンの『博物誌』の重要な協力者であり、その実質的な記載データはほとんど彼が提供していた。ビュフォンは協力を得るために同郷（モンバール）のドーバントンをパリに呼び、植物園の標本室管理者兼実験助手というポストを与えたのだ。ドーバントンは、ここで本格的な解剖学的研究を開始する。ビュフォンの没後、フランス革命が起きて王立植物園は危機に陥るが、前章で述べたように、ラマルクやドーバントンをはじめとする当時の職員の尽力によって自然史博物館として新たな発足を迎えることになる。その際に、新しい脊椎動物学教授を選任するにあたって、ビュフォンの後継者として大本命だったラセペードが政治的な理由で追放されてしまったことから、ドーバントンはその後任に標本室の管理者兼実験助手として採用していたジョフロアを初代教授に推薦した。この時、ジョフロアはまだ二十一歳で、有力な先輩をさしおいてその職に就くことに相当のためらいを感じたようだが、ドーバントンはこれから君たちが新しい動物学をつくっていくのだから、断ってはならないと説得したとされる。一七九三年のことだった。

ジョフロアがテシエからキュヴィエという人物の存在を知らされたのは、一七九四年で、初めての講義を開始したばかりの時だった。自然史博物館における動物学の研究を発展させるために協力者を必要とするジョフロアにとっては、有能なキュヴィエは喉から手が出るほど欲しい人材であり、早速彼のためのポストを準備する。それは動物解剖学の教授だったA・L・F・メルトリュの代理講師である。そして、キュヴィエは一七九五年にパリに招かれて、数カ月間ジョフロア邸に同居することになる。それからしばらく二人は精力的に共同研究を続け、二年間に哺乳類の分類に関わる五編の共著論文を発表する。

ドーバントンやアユイをはじめとするジョフロアの友人たちは、キュヴィエとの共同研究は「ひさしを貸して母屋を取られる」ことになりかねないから止めるよう諌める。実際、キュヴィエは後に多くの協力研究者の成果を横取りすることがあったようだ。しかし、ジョフロアは耳を貸さず、結果的にキュヴィエの出世に貢献しただけとなった。ジョフロアの真意がどこにあったかはわからないが、決定的な対立を迎えた晩年においてさえ、キュヴィエを呼んだことが自らの最大の功績であると回想している。

さて、その後ジョフロアの協力を得ながら着々と成果をあげたキュヴィエは、一七九二年にドーバントンの跡を継いでコレージュ・ド・フランスの教授、一七九六年に新設されたパンテオン中央学校の教授となる。一七九五年に旧体制下の科学アカデミーが新しいフランス科学アカデミー第一部会として再建された時、キュヴィエは弱冠二十六歳にして、六人の創設メンバーの一人となった。一方、ジョフロアが会員になれたのは、その十二年後、一八〇七年になってからであり、友人たちの心配が現実になってしまったわけである。

ナポレオン時代には彼の寵愛を受け、一八〇二年には、アカデミーを代表して六人の視学官（教育行政の指導監督官）の一人に任命され、その職責においてニース、マルセイユ、ボルドーの公立中学校（リセ）をつくり、フランス公教育制度の基礎を築いた。一八〇三年にはフランス・アカデミーの第一部門（科学アカデミー）の終身書記に任命されたため、視学官の職を辞してパリに戻った。第一部門の終身書記というのは自然科学全体で二人しかいない。もう一人、物理学分野の終身書記に任命されたのは、同じく政治的に保守派の物理学・天文学者のピエール・シモン・ラプラスであった。この二人は、互いに協力し合って自然科学界全体を支配していた（ただし、ラプラスの引退後、ジョセフ・フーリエを経て一八三〇年にフランソワ・アラゴが終身書記になると蜜月関係は終わり、キュヴィエの学界に対する影響力は相対的に低下する）。

一八〇八年、キュヴィエは新設のフランス帝国大学の総長となりパリ大学の理学部の教授人選の権限を握り、科学アカデミー終身書記としての権力と併せて、学界における絶大な権力を保持することになる。そして、学界での地位を餌に、自らに反対する人間を退け、従順な人物を優遇した。ナポレオンが没落し、ブルボン王朝が復活した後も、巧みな政治的立ち回りの能力によって、ついには「博物学の立法者ないし裁定者」と呼ばれるまでになり、一八三一年には国王ルイ・フィリップによって男爵に叙せられる。

こうして、キュヴィエは死ぬまで学界の最高権力者としての地位にとどまったのである（結局、彼はナポレオン皇帝およびルイ十八世以下三人の王に仕えたことになる）。

比較解剖学の実績

キュヴィエは、パリに出る前にも甲殻類のワラジムシや軟体動物のカサガイ類の解剖学的な研究をおこなっていたが、博物館ではジョフロアと協力し哺乳類を中心にして精力的に脊椎動物の分類学的研究を始める。その基盤となったのが、博物館が提供する類例のない境遇であった。当時、キュヴィエが置かれた環境がいかに恵まれたものであったか。

第一に、前章でも述べたように、国立自然史博物館教授（キュヴィエがメルトリュの死後、正式な教授に昇任するのは一八〇二年）は、給与および社会的影響力の点で、世界で最初のプロの科学者といえた。なぜなら、生活の心配なしに学問に専念することができたからである。

第二に、博物館が有する一万五〇〇〇冊以上の蔵書を誇る図書館と『年報』という形の論文発表の媒体をもっていたこと。

第三に、膨大な博物学コレクションがあった。もともと王立植物園時代から豊富な標本を有していたが、革命以降さらに多くが付け加わった。共和制が崩壊し、総裁政府、統領政府を経て一七九八年以降のナポレオン独裁政権に至る過程で、フランスはヨーロッパ諸国との戦争状態に入り多くの国を占領し、その地のコレクションを略奪しただけでなく、エジプトをはじめとする占領地や植民地からも多数の収集品を持ち帰ったからである。この博物館の黄金時代について、動物磁気説の信奉者としても知られる司書のジョゼフ・フィリップ・フランソワ・ドゥルーズが一八二三年に出版した本によれば、哺乳類だけで五〇〇種、一五〇〇点以上の標本が集められていたという。おまけに博物館には付属施設として、動物園（メナジェリ）があった、これは一七九四年に創設されたもので、ジョフロアが園長を務めていた。それゆえ、生きた動物の形態だけでなく、その生態や行動も実地に研究することができたのである。

ジョフロアと共同研究したのは哺乳類の分類の原理を扱った総論的なものや、アフリカのサイの分類、インドゾウとアフリカゾウの違い、メガネザルの分類的位置についてなどであるが、年を経るとともに分類の考え方について両者の間で次第に齟齬が生じてくる。そして、それが最終的に晩年のアカデミー論争に至ることになる。両者の違いはさかのぼれば、ビュフォン的なるものに対するキュヴィエの違和感に行きつく。ジョフロアが師と仰ぐのはビュフォンであり、その後継者のドーバントンであった。ビュフォン的というのは、それほど明確に定義できるものではないが、一八世紀末から一九世紀初頭にかけてのフランス博物学の知的風土を象徴するものであった。具体的には、理神論、啓蒙主義、自然発生説と後成説の容認などであるが、個々の要素には必ずしも論理的な整合性があるわけではなかった。なかでもキュヴィエを苛立たせたのは、理神論と啓蒙主義であった。

ビュフォンの理神論はニュートンの感化を直接受けたもので、ヴォルテールとともにそのフランスへの導入に大きな役割を果たした。理神論者は、自然界のすべての現象は単純な自然法則によって説明できると考え、生物学者であってもすべての自然現象の解明に挑もうという傾向が、ビュフォンからラマルク、ジョフロアへと一貫して見られる。しかし、すべての自然現象を扱うといっても、当時の個別科学はまだ実証的なデータに乏しく、勢い、それは空疎な思弁的推論に終始しがちになる。キュヴィエにしてみれば、分類学において、アリストテレス以来の存在の階梯を根底に引きずっているラマルクやジョフロアの種の連鎖という発想は確かな証拠のない思弁に過ぎず、分類はもっと確かなものを根拠にすべきだということになる。それは、分類にとって重要な基準は外部形態よりもむしろ機能であるという考えに基づく比較解剖学の提唱につながる。キュヴィエは、機能（アリストテレスにならって植物性機能と動物性機能に大別される）とは生存に必要な条件を満たすものであり、機能を果たすための過不足のない器官を神が創造されたのであり、それぞれの器官の目的を明らかにすることが博物学者の責務であると考えた。そして、動物の分類における第一段階は、生殖、呼吸、循環という三つの主要な（動物性）機能の違いによっておこなうべきだとする。しかも動物の各器官は、その機能のために相関性を有している。たとえば、肉食動物は鋭い爪や牙、強力な顎、優れた運動能力をもつ骨格、短い消化器官というような互いに関連した一連の構造を有している。それが共通のプラン（体制）であるという。したがって、正しい自然分類のためには、体の内部構造を比較検討して、そのプランないしタイプを明らかにすべきだということになる。後世の評価はどうあれ、キュヴィエは、思弁に走りがちであった一八世紀的博物学を革新して、実証的な科学にするための方法論を打ち出していたのである。

一方、キュヴィエの啓蒙主義に対する嫌悪には、大きく二つの理由があった。一つは社会的な変化に対してキュヴィエが保守的であったことである。青年時代には啓蒙思想の感化を受けていたが、それが推進力となったフランス革命の暴力性に失望したことから、王制復古やナポレオン統治を歓迎し、政治的には常に保守派であり続けたから、進歩思想としての啓蒙主義に反発したのである。

もう一つの理由は、彼が敬虔なルター派のキリスト教徒だったことである。啓蒙主義は、唯物論的・機械論的思考との結びつきが強く、その行き着く先に無神論が見えていたからである。実証的な比較解剖学の実践を通じて、科学者としては種の進化を容認してもおかしくはなかったのだが、神による個別創造説は、彼にとって絶対守らなければならない聖域であり、そのゆえにラマルクの進化説は許しがたいものであった。

キュヴィエは、パンテオン中央学校での講義録をもとに、その方法論の概要を一七九二年に『動物博物学要綱』としてまとめた。そこでは、機能に基づく区分によって、まず哺乳類を十四の目(もく)に分けた。無脊椎動物についても、リンネの「昆虫」、「蠕虫」の二綱を、心臓と脳を有す軟体類、心臓と脊髄をもつ甲殻類、背側の血管と脊髄をもち膜のある昆虫類と膜のない蠕虫類、脊髄のない棘皮類、血管も脊髄もない植虫類の六綱(この当時の綱は現在の門に相当する。ラマルクは十綱に分けていて、現代の観点からすればラマルクの方がより実態に近いが、分類原則の簡明さにおいてはキュヴィエが優る）に分けた。さらに一八一二年にはこの分類体系に修正を加え、すべての動物をその体の構造のタイプに基づいて、脊椎動物、軟体動物、関節動物（現在の節足動物、甲殻類、環形動物など）、放射相称動物（棘皮動物、刺胞動物など）という四つの門（キュヴィエはembranchementという言葉を使っているが、これはもともと分岐や分流を意味する）を区別し、門の壁は決して越えることができないと主張した。これは直線的な存在の階梯を否定するものだった。そして、博物館での講義をもとにして、自らの比較解剖学についての体系的な叙述『比較解剖学教程』（全五巻）を一八〇〇〜一八〇五年に出版した。

比較解剖学の発展には、人体解剖学の歴史が深くかかわっていて、またフェリックス・ヴィック・タジールなどの先行者も重要な役割を果たしているので、キュヴィエ一人の功績に帰されるべきものではないが、機能が形態に優先するという視点からの機能的形態学の確立者であったのは確かである。

比較解剖学の方法によってキュヴィエは生物学に大きな貢献を果たしたが、研究の対象は主として、軟体動物、魚類、そして後で述べる化石哺乳類・化石爬虫類だった。そして、調査研究したすべての動物を自らの分類体系に基づいて整理した四巻本の『動物界』（一八一七年）は近代的な動物分類学の基礎となった。この本の第三版は約一〇〇〇点の手彩色の挿絵を収載した豪華版で、この時代の博物学の最高水準を示すものであり、英語版も出版された。彼がとりわけ力を注いだ魚類については、別に弟子のアキユ・ヴァランシエンヌの協力のもとに、二十二巻の『魚類博物誌』（一八二八～一八四九）として出版されたが、そこに収録された六五〇葉の手彩色銅版画は見事なものであり、史上最高の博物図譜として讃えられている。荒俣宏『世界大博物図鑑・魚類編』にはここから多数の美しい図版が収められている。

化石の発見と天変地異説

学者としてのキュヴィエの重要な功績の一つは、化石の発見および古生物学の確立であった。機能の同一性のゆえに一片の骨から全体像を復元することができると豪語するキュヴィエは、比較解剖学の方法論を化石に適用することで、多くの化石動物の分類をおこなった。古生物学における最初の論文は、一七九六年に弱冠二十六歳で発表されたもので、わずかな骨の断片から、シベリアのマンモスや南米のオオナマケモノなどの巨大化石動物を記載し、形態学的比較から、それらが現生のゾウやナマケモノとはまったく別種であると結論付けた。初めて、化石を絶滅種と関連付けたという点で、この論文は古生物学における記念碑的な著作といえる。さらに、モンマルトルの採石場から出土したゾウ、カバ、サイ、シカ、ウシなど多数の哺乳類の化石について記述した。そうした化石研究は一八一二年に『四足類の化石骨の研究（全四巻）』として集成された。先に述べた全四巻の

『動物界』では、自らが研究したすべての動物（昆虫類のみはピエール・アンドレ・ラトレイユの協力を得て）を、現生種と化石種を一緒に並べて分類するという画期的な試みさえおこなっている。

化石の存在は古くから知られていたが、それが何であって、どうして生じるのかについての定説は存在しなかった。キュヴィエは、化石動物が過去に存在し、もはや絶滅した種であることを示したのである。しかも、化学者で、鉱物学者で、動物学者でもあったアレッサンドル・ブロンニャールと共同でおこなったパリ盆地の地層学的調査をもとに、下の地層から出てくる化石動物ほどより原始的で、現生種とよりかけ離れていることも明らかにしていた。この事実を素直にみれば、種の転成すなわち進化を暗示していると考えるしかない。しかし、キュヴィエは、絶滅種は現生種とは別個のものであり、現生種は大洪水のような天変地異によって既存の種が絶滅した後に、ニューオランダ（オーストラリアを指す当時の呼び名）などから渡来してきた他の種であろうと考えた。これがいわゆる天変地異説ないし激変説と呼ばれるものである。

天変地異説の内容は、一八二五年に出版された『地球表面の変革について』に詳しく述べられている。この本における化石の位置付けは、ダーウィンの扱いとは根本的に異なっていた。キュヴィエは過去において陸地の隆起や洪水、浸食や火山などの天変地異によって、地球の表面に劇的な変化が起きてきたことの有力な証拠として化石を扱っているのに対して、ダーウィンは絶滅種の化石を進化の有力な証拠として扱っているのである。

言い換えればこの書は、地球の歴史を扱った地質学の論文であり、生命の歴史を扱ったものではなかった。天変地異説は、聖書のノアの洪水のようなものを想定していて（キュヴィエ自身はそう言わなかったが、この説の支持者の一部はそう考え、天変地異の度に神の創造がおこなわれたと主張した）、キリスト教を信じる学者の間で広く信じられた。これに対してライエルは、『地質学原理』（一八三〇〜一八三三）において、現在の地表が小さな変化の累積的な積み重ねによって形成されたものであるとする斉一説あるいは漸進説を提唱し、これがダーウィンの進化論の誕生に決定的な役割を果たしたことはよく知られている。歴史的に見れば、地質学の原理としては斉一論が激変説に対して、進化の原理としては漸進説（自然淘汰説）が天変地異説に対して正統理論として認められるようになるのだが、キュヴィエの考察が必ずしも間違っていたとはいえず、むしろ多くの点で正しかった。実際に、地質時代を通じて、五大絶滅（オルドビス紀末、デボン紀末、ペルム紀末、三畳紀末、白亜期末）をはじめとして多数の大量絶滅があり、その原因が彗星や隕石の衝突、火山や気候（大気組成）変化など、広い意味の天変地異であったことがわかっている。そうした地質年代が含まれる化石生物相の違いによって区別されるように、確かに年代区分の境界で劇的な生物相の変化が起きている。現在の進化説では、絶滅を生き残った少数の生物が、競争相手のいなくなった生息環境へ適応放散していくことによって新しい種が形成されたのだと考えられている。

キュヴィエが種の転成を受け入れられなかった主たる理由は個別創造説を信じていたことであるが、実証的研究者としての洞察も大いに関係していた。何といっても、主要な地質年代の前後の地層間の化石生物相の相違は歴然たるもので、まさに断絶が存在したから、漸進的な種の転成ないし移行を想像することができなかった。その上、地質年代の絶対的な時間の判断がこの時代には異なっていたことも災いした。近代以前、多くの人々は聖書のノアの方舟の記述を信じて、地球の年齢を六〇〇〇年くらいと見なしていた。近代科学の登場とともに、地球の形成をめぐる科学的な論争が起こり、地球の年齢に関して、様々な推測がなされた。火の玉が冷却して地球になったというニュートンの考えを推し進めて実験したビュフォンは、七万数千年という数字を出していた。同じ発想で熱伝導式を用いたフーリエは一億年という数字を出した。地球の表面はマグマが冷えて固まったものであるという火成説を唱えるジェームズ・ハットンは、『地球の理論』において、具体的な数字は出さず悠久の時間だとしたが、広く受け入れられることはなかった。一方、当時絶大な権威を誇っていた物理学者ケルヴィン卿ことウィリアム・トムソンは、一八六二年に地球内部の冷却速度の綿密な計算から地球の年齢は九八〇〇万年、誤差を含めれば二〇〇〇万年から四億年のあいだと推定した。この計算は後に放射性崩壊の発見によって誤りであることが証明されるのだが、ダーウィンの時代には多くの学者から支持され、ダーウィンを悩ませたのは有名な話である。

このような時代背景の中で、正確なところはわからないが、キュヴィエ自身は数千年から数万年、つまり人類の歴史とさほど変わらない程度だと考えていた。そのため、彼は古代ローマ時代の図像における動物、さらにはジョフロアがエジプトから持ち帰った鳥、ネコ、イヌ、サル、ワニなどのミイラを調べ、それらが、現生種となんら変わりがないことをもって、転成を否定する根拠とした。実際の生物が何千年も変わっていないのだから、彼の想定するたかだか数万年の地質年代で進化など起こり得ないという論理だった。現在では地球の年齢は約四六億年と考えられていて、もしこの事実をつきつけられれば、科学者キュヴィエはきっと進化を認めたにちがいない。

現在の視点からすれば、創造論という観念によってキュヴィエは進化論を退けたように見えるかもしれないが、彼に言わせれば、あの時代にあって、ラマルク的な進化論こそ観念論であり、自分は実証的な証拠に基づいて種の転成を退けたということになるだろう。

読まれなかった弔辞

前章で、キュヴィエのラマルクへの弔辞が読まれなかったことを述べたが、この弔辞はキュヴィエの死後、一八三二年に科学アカデミーで読み上げられ、一八三五年にアカデミーの報告書に発表された。確かに弔辞としてはあまりにも手厳しいラマルク批判であるが、キュヴィエの科学観をまぎれもなく反映したものであった（単なる賛辞ではなく批判もするというのは、ラマルクに対しての例外的なやり方ではなく、キュヴィエは英国の化学者ジョセス・プリーストリーの弔辞でも、科学者としての功績を讃える一方で、神学者・政治家としての活動を批判した）。同時にここには、ビュフォン的なるものに対するむき出しの敵意が表明されている。興味深いので、少々長くなるが以下に英訳文からの抄訳（フランス語原文を参照しつつ）を掲載しておこう。

人を啓発するという尊い仕事に身を捧げた方々のうち、科学のあらゆる分野の膨大な概念を包み込む、高い創造力と正しい判断力を同時に天から与えられ、発見の望みがありそうなものは何であれ揺るぎのない目でつかまえ、世界に対して、確実な真実のみを提示し、それを証拠の開示によって確立し、抗う余地ない結論以外には何も推論せず、憶測的なものや疑わしいものに決して惑わされることがないというような人物はごくわずかしかおりません……。それは比べようもない天才に恵まれた人物たちで、彼らの不滅の著作は、科学の道に立ち並ぶ多数の灯のように、この世界が同じ法則によって支配され続ける限りにおいて足下を照らし続けるでしょう。

それほど熱情もなく、新しい関係を捉えるのにも適していない精神の持ち主であるその他の人々は、あまり真摯に証拠を吟味することをしません。彼らは、科学を豊かにしてきた本物の発見に、いくつもの空想的な概念を混ぜ合わせてきました。そして、経験と計算において余人に優ることができると信じて、苦心を重ねて、古い物語に出てくる魔法にかけられた城にも似た、想像上の基礎の上に壮大な楼閣を構築してきたのですが、それを誕生せしめた彼らの護符が潰えるとともにその楼閣は消え去ってしまいます。しかし、こうした好ましからざる学者たちの歴史も、まったく役に立たないというわけではないかもしれません。前者の人々は、無条件に我々の称賛を受けてしかるべきですが、後者の人々を我々の研究の対象にするというのも同様に重要であります。一級品の天才を生み出すことができるのは自然だけなのですが、それは、科学に貢献してきた人々の間で高みを目指そうとするすべての勤勉な人間にのみ、その資格があります。そして、その位階は、自らの努力で近づける対象を目覚ましい実例によって識別するためにどれほどのことを学んだか、およびその進展に立ちふさがった困難の度合いに比例して上昇します。我々の最も著名な博物学者の生涯を概説するのは、こういう視点からで、科学がその人に負っている偉大で有益な業績をしかるべく顕彰する一方で、あまりにも過度な想像力の奔放に耽り過ぎたために、より疑いの余地ある帰結をもたらしたその著作をも同様に際立たせ、その逸脱の原因、あるいは逸脱の系譜とでも言うことができるものについて可能な限り指摘することが、我々の義務であると考えます。これこそ、我々のあらゆる歴史的賛辞を導く原理であり、そうすることで、わが同僚たちの記憶へのしかるべき敬意を欠くと考えるのはおよそ見当はずれで、むしろ、彼らにとって無価値なものをすべて取り除くがゆえに、より純粋なオマージュになると考えております。

（中略。息子からの手紙をもとに、ラマルクの生い立ちと武勇伝、および学者としての経歴を述べている。そして『フランス植物誌』や無脊椎動物に関する業績を称える）

軍隊を辞めて以後の三十年間、彼の時間はすべて植物学に当てられたわけではありません。彼の制約の多い環境が強いた長い孤立状態の中で、太古から人々の注意を引き付けてきた大問題のすべてが彼の心を通過しました。彼は物理学と化学の一般法則について、大気現象について、生物体の諸現象について、地球とその回転（大変化）について思いを巡らしました。心理学や、形而上学のより高度な諸分野も、彼の思索の及ばない領域ではなかったのです。そしてこうした分野のすべてにおいて、彼は多数の明確な、誰の助けも借りず自らの精神の力によって思いついたものであるがゆえに、彼自身にとっては独創的な考えを形成したのですが、彼が他の人間にとっても同じように新しいと信じただけで、それ自体はさほど確かなものではなく、知のあらゆる学問分科を新しい基礎の上に位置付けるというようなものではありませんでした。この点で、生涯を孤立状態で過ごし、矛盾が決して起こらないがゆえに、自らの様々な意見の正確さについての疑問を受け入れることがなかった多くの他の人々と似ていました。彼はそうした考えを、職を得るとすぐさま大衆に向かって語り始めました。そして二十年間にわたって、あらゆる形で何度も繰り返し続け、最も縁のなさそうに思える人々に向けての著作にも持ち込みました。その事実を指摘し、そのために彼の最良の業績の一部がわかりにくいものになっていることを指摘するのは、何よりも必要なことです。彼の個人的な特性さえも、そうしなければ理解できないでしょう。なぜなら、彼はその思想体系と自身を極めて密接に同一視していて、他のすべての対象が従属的なものに思えるまでに、そうした思想を広めたいというのが彼の願望であり、彼の最高の最も有益な著作でさえ、彼の目からすれば、自らの高邁な思索の単なるささやかなアクセサリーでしかなかったのです。

かくして、ラヴォワジエが彼の実験室において、一連の美しく、整然とした実験を元にして新しい化学を生み出したのに対して、ラマルク氏は、実験を試みるつもりがなく、それをおこなう手段も持ち合わせていないのに、自らがラヴォワジエの化学とは別の化学を発見したと空想し、ヨーロッパのほとんどすべてが、ラヴォワジエの化学を暖かく受け入れていたのにもかかわらず、その代案として提示することをためらわなかったのです。

（中略。続いて同時の四大元素説を元にしたラマルクの化学理論および自然観を説明

し、その思弁性を批判する）

この時期のラマルク氏が、まだ生物の最初の起源に立ち戻るのは不可能だと思っていたことについては既に触れました。これは、彼に残されていた大きな一歩で、ほどなくそれを踏み出しました。一八〇二年に『生物の体についての研究』を公刊するのですが、それには、物理学の根源的な事実についての彼の研究が独自の化学を含んでいたのと同じ形で、独自の生理学が含まれていました。彼の意見によれば、卵は受精するまであらかじめ生きるための準備を一切含んでおらず、ニワトリの胚は、精子の蒸気（vapeur）の作用によってのみ、生命的な動きができるようになるというのです。しかし、もし宇宙にこの蒸気に類似した流体が存在し、それが、胚の場合のような好適な環境におかれた物質に作用し、それを組織化し、生命を享受できるようにすることが可能なことを認めるとすれば、自然発生という考えが理解できるでしょう。ひょっとすれば、こうした原初的な生物体をつくり出すのに自然が採用しているのは熱だけかもしれません。あるいは電気も一緒に作用しているのかもしれません。ラマルク氏は、鳥やウマ、昆虫でさえ、このようなやり方で直接的に出現できるとは信じてはいませんが、最も単純な生物体、異なる生物界の極端な位置を占める極小の生物体に関しては、さして難事ではないと考えていました。彼の意見によれば、モナス類あるいはポリプ類は、ニワトリの胚の千倍も容易に形成されるというのです。しかし、自然発生ではつくり出せないような、もっと複雑な構造の生き物はどのようにして存在に至るのでしょう。氏によれば、これはいとも簡単に想像がつくというのです。もし性的興奮（オーガズム）が、この組織能をもつ流体に刺激を受けて引き延ばされれば、含まれる各部分の密度は高まり、それが含んでいる可動流体に対する反応の感受性を与えられ、被刺激性がつくり出され、その結果、感情をもつようになるだろう。このようにして自ら発展を始めた生物の最初の努力は、存続の手段を確保し、自らのための栄養器官を形成することに赴くに違いない。だから消化管が存在するのだ！というのです。環境によってつくり出された他の欲求や願望が、他の努力を導き、それらが他の器官をつくり出すでしょう。なぜなら、残りのことから切り離すことができない仮説に従えば、習性や能力を生じるのは、器官、すなわち器官の性質と形ではないからです。むしろ、時間の経過のなかで器官を誕生させるのは習性や能力の方なのです。水鳥の足に膜（水かき）をつくり出すのは、泳ぎたいという欲求と試みである。水中を渉猟しながら、同時に濡れるのを避けたいという欲求が、河岸にしばしば見られる鳥の脚を長くしたのであり、すべての鳥類の腕を翼に変え、体毛と鱗を羽毛に変えるのは飛びたいという欲求であるというのです。こうした実例を提示するにあたって、我々は著者の使っている言葉を用いたのであり、彼の想いに付け加えるとか、そこから何かを消すとかをしているのではないかという疑いは一切無用です。

こうした原則をひとたび認めてしまえば、モナス類やポリプ類を徐々にしずしずとカエル、カメ、あるいはゾウにさえ変身させるのに、時間と環境以外に何も足りないものがないことに容易に気づくでしょう。しかしラマルク氏は、自然界には種が存在しないという結論に至るのを避け難くなることにも気づくに至ります。そして氏は、もし人々がそう考えないとすれば、現在の生きている自然に見られるかくのごとき生命の無限の多様性をもたらすのに要する時間のあまりの長大さだけが理由なのだと、同じように断言します。この結果は、その長い人生のほとんどすべてを、植物であれ動物であれ、それまで種であると信じられてきたものの判定に捧げてきた博物学者にとって、極めて辛いものであったに違いありません。しかも、彼の最も世に認められた功績がまさしくこの決断によって成されたものであることも告白しなければならないのです。

実際はどうだったにせよ、ラマルク氏は、それ以降に発表したすべての動物学の著作において、この生命の理論を復唱しました。これらの著作の正の功績によっていかなる関心が喚起されたにせよ、その体系的な部分が、どうしても攻撃の対象にしなければならないほどに危険なものであるとは誰も思わなかったのです。化学の理論と同様に、同じ理由によって、そっと触らずにおかれたのです。なぜなら、細部の多くの誤りとは別個に、それが同じように二つの恣意的な仮定の上に立っていることに誰もが気づくことができたからです。一つは胚を組織化する精子の蒸気であり、もう一つは努力と欲求が器官を生じさせるというものです。こうした基礎の上に構築された体系は詩人の想像力を楽しませるかもしれません。形而上学者がそこからまったく新しい一連の思想体系を導き出すかもしれません。しかし、それは手、内臓、あるいは羽毛でもいいが、一度でも解剖をしたことのあるいかなる人間の検証にも、一瞬たりとももちこたえることができないのです。

（中略。ラマルクの水利地質学および気象学の業績の紹介と批判）

とうとう彼は……、一度もないがしろにしたことがないはずの教授として語るべき直接的な対象――無脊椎動物の歴史――に立ち戻り、それに専念することになります。そこで、彼はついに名声と、後世の人びとから不朽の感謝を捧げられる栄誉の、議論の余地ない源を見つけたのです。無脊椎動物という名称は彼のお陰でできたものであり、これはたぶん、そこに含まれるすべての動物に共通する体制上の唯一の事情を表しています。それまで使われていた白血動物という用語をさしおいてこの言葉を使ったのは彼が最初でした。そして、彼の意見の正しさが観察によって裏付けられるまで、そう長く時間はかかりませんでした。観察はここに含まれるあらゆる部類の動物が赤い血をもつことを明らかにしました。それらの動物の解剖に基づく新しい分類は、一七九五年に公刊されていました。彼はこれを一七九七年に大規模に採用し、リンネとブリュギエールの方式に置き換えます。これが最初の彼の講義の基礎となったのです。それ以後には、様々な形で修正しますが、全面的に変更することはありませんでした。彼の解剖学的な知見は多数の新しい考えを提示させるのを可能にするようなものではありませんでした。最終的に彼が自らの方法に導入した無感覚動物、感覚動物、知能動物への大分類は、それらの動物の体制にもその能力の厳密な観察にも根拠を持たなかったと言うことさえできるでしょう。しかし、この分野に関わる今後のすべての研究者にとって根源的な重要さをもち続ける彼独自の功績は、石化したものか軟らかい体をもつかに関わらず、貝類とポリプ類についての観察であります。彼は鋭い洞察力をもって、賢明に選ばれた、たやすく識別できる、形、各部の比率、表面、および内部構造の状況に従って、各属の境界を定め特徴付けました。各種を比較し、区別し、異名（シノニム）を確定し、明晰かつ詳細な記述するに際して見せる彼の忍耐強さは、その後の彼の研究を、博物学の当部門の管理者たらしめることになりました。

（中略）

現在においてさえ、たとえば海綿類、ウミトサカやその他多くのサンゴ類の属について、彼の『無脊椎動物誌』に提示されている以上に完璧な記載を探そうとしても無駄でしょう。彼が目覚ましい衝撃を与えた特別な知の分野があります。それはすなわち、地球の凹みのなかに見つかる貝類の博物史です。これらの歴史は、貝類の起源を鉱物的自然の形成力に帰するという空想的な観念が論破された時代以降の地質学者の関心を引きつけました。異なる地層に属するものおよび現在の異なる海にすむ近似種の比較だけでも、こうした変則的な現象――生命のない自然が私たちの世界観に突きつける謎の中でもたぶん最も深遠なもの――に光を投げかけることができるだろうと受け止められました。しかしながら、この比較は、ほとんど試みられることがなく、たとえされたとしても、ごくごく皮相的なやり方でなされただけでした。この研究は、好奇心をもてあそぶ対象とみなされてきたのです。どこからそれらはやってくるのか？　それらは現在と同じような気候の下に生きていたのか？　それとも後からそこに運び込まれたものなのか？　どこか別の場所で今でも生きているのだろうか？　こうした重要な疑問のすべての答は、ひとつずつ慎重に検証していくことでしか得られませんでした。この査問の実行は、パリ盆地がそれほど狭い空間にそれほど厖大な数の遺物が集積されているたぶん世界で唯一の場所であるがゆえに、ラマルク氏にとって、とりわけ心をそそるものでありました。数平方トワーズ（一トワーズは約二メートル）もないグリニョンで、六〇〇〇種を越える異なる貝類が採集されてきたのです。

ラマルク氏は、生きた貝類について獲得した並外れた知識をもって、この検証に足を踏み入れ、彼が作成した卓抜な図と注意深い記載は、それほど長い年月にわたって生命を奪われていたそうした生き物を、いわば、再びこの世に現せしめることになったのです。

かくのごとく、ラマルク氏は、最初に彼の名声を将来したものと類似の仕事を再開することによって、ついに、それが拠って立つ対象が存続する限り、長らえるに相違ない金字塔を打ち立てたのであります。しかし、既にみましたように、彼が動物学に携わるようになったのは遅く、そもそもから視力が弱っていたために、昆虫の研究を、欧州において自然史博物館のこの部門における大家として認められている優秀な協力者のラトレイユ氏に委ねることを余儀なくされました。彼の瞼に垂れ込める暗雲は次第に厚みを増し、そうした生物の観察が彼の唯一の楽しみだったにも関わらず、そうしたあらゆる繊細な生物の不完全な像しか捉えることができなくなりました。この惨禍の進撃を阻止する手立ても、治療薬もありませんでした。彼の研究の対象であった光は、最後には完全に失われ、晩年の数年間はまったくの盲目で過ごしたのです。この不幸な出来事は、彼をより意気阻喪させるものでした。なぜなら、それは彼を、もしそうでなければ享受できたかもしれない気晴らしや緩和の手段をまったく得ることができない状況に陥れたからです。彼は四度結婚し、七人の子どもの父親でした。彼のささやかな世襲財産のすべてが、彼の初期の節約の成果でさえ、恥知らずな山師どもが信じやすい人々を騙す餌として持ち出す投機的な投資の一つで失われてしまいました。

彼の隠退生活は、若い頃の習性と、科学において支配的な考え方とほとんど一致しない思想体系への執着の結果として、趣味にふける力をもつ人々と同じことを推奨するものとはなり得ませんでした。老年になって降りかかった数知れない病気が、彼の困窮の度を増やした時、彼の生活を支えるのは教授の地位が与えてくれる少額の俸給だけとなりました。彼の植物学および動物学の著作がもたらした名声に引き寄せられた科学界の友人たちは、この事態を見て驚きました。彼らにとっては、科学を守る政府が、高名な個人がもっとましな境遇を得られるように注意すべきであるように思えました。しかし、運と自然の両方からの攻撃に対して、この名高い老人が立ち向かった勇気を見た時、友人たちの彼への尊敬の念はいや増しました。とりわけ彼らは、彼のもとに留まっていた子どもたちに吹き込んだ献身的愛情を称賛しました。彼の末娘は、長年にわたって親孝行の情をもって全面的な献身を尽くし、一瞬たりとも彼を一人にすることなく、彼の視力の欠乏を補うべくあらゆる研究に携わり、彼の最晩年の著作の一部を口述筆記し、彼が少しでも体を動かすことができる限り、いつも付き添い、彼を支えました。実際のところ、彼女の自己犠牲は、言葉で表現することができないほどの程度に達していました。父親がもはや寝室を出ることができなくなった時には、彼女は家を出ることが決してありませんでした。後に初めて外出した時、自由な大気を吸うことを久しくしていなかったので、気持ちが悪くなったほどでした。これほどまでの徳行を見るのは希なことであり、そこまで教え込むということもそれに劣らず希なことであり、子どもたちが彼にしたことを詳しく述べるのはラマルク氏への賛辞を付け加えることになるでしょう。（後略）

キュヴィエ＝ジョフロア論争

ヨーロッパの思想界を揺るがしたこの大論争については。アペルの『アカデミー論争』が広い視野から詳細に論じ尽くしていて、付け足すべきことはないように思われる。ここでは、それを参考にしながら、本書の目的に沿った形で、論争の経過と科学史的な影響を明らかにしてみようと思う。

元々この論争は、生物の分類の原理を巡るジョフロア・サン＝ティレールとキュヴィエの論争に端を発するものだった。すなわち、類縁関係を反映した自然分類をおこなうためには、いかなる指針に基づくべきかを巡る論争であった。

先に述べたように、キュヴィエの比較解剖学あるいは機能的解剖学は、分類の原理として、機能を重視する目的論的な志向をもっていた。各部分（器官）は与えられた環境での生存条件となる機能を果たすべく、神によって創造されたものであり、構造の一致は機能上の必要性によって生じるというものである。そこでキュヴィエは、分類の指針として「生存条件」と「部分の相関」を基本とし、副次的な指針として「部分の従属性」を挙げた。「部分の相関」は、一つの機能を果たすために各部分が相互に協力しあうことを指す。たとえば、肉食獣では獲物を捕獲し消化するための四肢、歯、消化器官などは、それに適した構造をもっている。それゆえ、よく発達した爪があれば、その動物に鋭い歯があることを予想できるというわけである。これは言い換えれば、各生物は環境に適応した諸器官をもつということを意味する。「部分の従属性」は、生物が存在する上で器官は必ずしも平等な価値をもつのではなく、本質的な器官と従属的な器官があることを言う。たとえば、脊椎動物の脊柱は本質的な器官だが、歯は従属的な器官だとする。

キュヴィエは、生存にとって最も重要な器官として神経系を、ついで循環系、呼吸系を挙げる。神経系のあり方をもとにして、動物界全体を、脊椎動物、軟体動物、体節動物、放射相称動物の四つの「門」に分けたことは既に述べた。それぞれの門の中では、循環系と呼吸系は神経系に規制されて定まった形をとる。その他の従属的器官には変異があっても、大分類は本質的な器官を中心にしておこなうべきだとする。

この当時の支配的な分類の哲学は、「生命の連鎖」あるいは「存在の階梯」と呼ばれるもので、生物は単純で原始的なものから複雑で高等なもの（頂点は人間もしくは神）に至る直線的な系列をなすという考え方であった。そうした階層序列は神が創造したものとされ、進化的な視点はない。しかしラマルクやジョフロアにおいては、比較形態学的な傍証から、種の転成、すなわち暗黙のうちに「進化」を想定せざるを得なくなっていた。そのメカニズムについてのラマルクの考えは既に述べた。ジョフロアは、そこで奇形進化論とでも呼ぶべきものを提唱した。それほど明快な形で述べられてはいないが、大略としては、胎児におよぼす環境の影響が奇形を生じさせ、それが新種の始まりになると考えていたようである。後にリチャード・ゴールドシュットが提唱する跳躍進化論を予見させるものともいえるが、発生過程における後天的な適応変異を示唆する点で、現在のエピジェネティックスの先駆けという見立ても可能である。

キュヴィエが動物界全体を四つの門に分けたのは、このアリストテレス以来の階層的な分類哲学の壁を突破したことになる。重要なことは、キュヴィエがこの結論に達したのは決して思弁によってではなく、緻密な解剖学的観察によったことである。この四つの同じ門の生物には共通のプラン（体制）を認めることができるが、四つの門の間に直線的な系列として移行し得る共通のプランなどあり得ないというのが、彼の実証的な知見から導かれた結論だった。

ジョフロアがキュヴィエに対して申し立てた異議は、それでは生物の多様な種間に見られる類似性（ジョフロアは analogue という単語を使ったが、現在の生物学用語における相同すなわち homology を意味していて、現在の相似 analogy の意味ではないので注意が必要である。相同と相似の概念的整理は後の一八四三年に英国の解剖学者リチャード・オーウェンによってなされた）を説明できないというものだった。そして解剖学的な形態こそが分類の指針として最も重要だと主張した。つまり、純粋に形態のみを問題にせよというのである。

ジョフロアの分類の哲学は、彼の『解剖哲学』（一八一八年）にまとめられている。その根底にあったのは、理神論的な生物学の統一原理の希求であった。すべての生物が同一のプランないし体制を有すというのは、まさに統一原理たり得る。彼の指針は、「相関の原理」と「均衡の法則」であった。「相関の原理」は、構成の一致（現代的な意味の相同）を成立させるもので、各器官の構成要素の数や位置関係はすべての生物において一定だというものである。脊椎動物の前肢は、魚類では鰭、鳥類では翼であり、哺乳類では長さも大きさも違う前脚だが、その内部の骨の数と配列は基本的に同じであるというのが、具体的な例である。「均衡の法則」は、ある器官の完全な発達は他のどれかの器官の犠牲の上に成り立つというものである。このように、二人は対極的な比較解剖学の哲学をもっていた。

けれども、対象を脊椎動物に限れば、どちらも共通した構成（プラン）の存在を認めていたから、それほど激しく対立する必要はなかったのだが、ジョフロアがすべての動物の構成の一致を主張し始めたところから論争の火蓋が切られた。一八二〇年の一月から二月かけてジョフロアは、昆虫に関する三つの論文を科学アカデミーで読み上げた。そこで彼は、昆虫の外骨格は脊椎動物の脊柱に対応し、神経系が脊椎動物では背側にあるのに昆虫では腹側にくるように裏返っているだけだとし、それに関連して昆虫の各部分の発生的起源を推論した。

ジョフロアの主張は、「構成の一致」を根拠にした実証的根拠をもたない思弁的なものであり、キュヴィエは立腹はしたけれども相手にしなかった。

気に入らない主張には正面切って反論することなく、無視を決め込み、ラトレイユらキュヴィエの賛同者には人事権を振りかざして、恫喝あるいは懐柔するのがキュヴィエの流儀だった。ジョフロアはキュヴィエを公開論争の場に引っ張り出そうと挑発するが、なかなか腰を上げず、それぞれの書く論文で互いの立場への批判を繰り返した。

本格的な論争のきっかけとなったのは、ピエール・スタニスラ・メーランともう一人の無名の共著者が一八二九年十月に提出した一篇の論文だった。この論文では、脊椎動物と軟体動物の体制の連続性が示唆されていて、脊椎動物が反り返って頸に尻がくっつくような姿勢をとれば、その内臓の配置は軟体動物の内臓と同じような配列をとるだろうと述べられているという。この論文自体は残っておらず、このような論旨はジョフロアのこの論文についての報告書からしか確認されていない。この論文に我が意を得たジョフロアは、これこそ体制の一致の見事な例証であると、報告書でこの論文を激賞し、それに尾鰭を付けて持論を展開した。あまつさえ、頭足類と他の動物の区別だけに注目してきた従来の分類学の非を咎め、暗にキュヴィエを批判した。

腹に据えかねたキュヴィエは、一九三〇年二月のアカデミー集会において、「軟体動物論、特に頭足類について」という論文を持ち出して反撃に出た。彼は、メーランらの主張のように反り返った哺乳類とタコの図を比較し、確かに両者に共通する器官はあるが、それらはジョフロアの言うように同じ配置にはないことを例証し、「構成の一致」説を論破し、ジョフロアの用いる概念や用語の曖昧さを厳しく批判した。この反論をジョフロアは歓迎した。待望の公開論争を実現できるからだった。それから数カ月にわたって、公開論争は続き、キュヴィエはもっぱら具体的な実例に則してジョフロア説に反証し、「構成の一致」の厳密な定義を要求した。ジョフロアは要求に応えず、自説に都合のよい「相同」（ジョフロアの言葉ではアナローグ）の事例を次々と挙げ、自らの解剖哲学の意義を謳った。言ってみれば、はぐらかして応戦しただけであり、科学界の内部ではこの論争の勝者

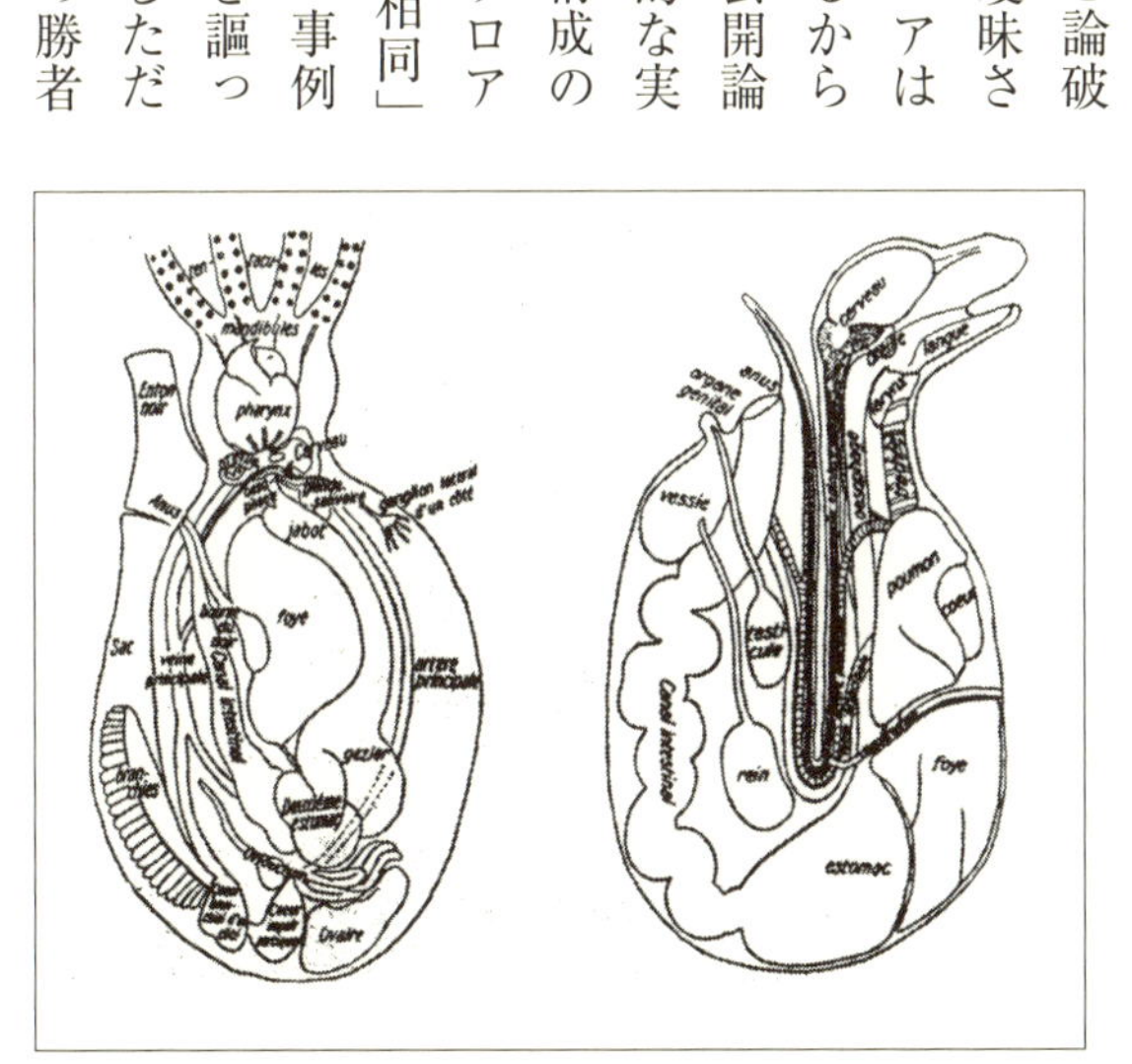

キュヴィエがメーランらの論文に反論するために用いた図の模式図。左：タコ、右：四足獣が反り返った姿。

はキュヴィエだという判定だった。

しかし、ジョフロアが『動物哲学の原理』という本を書いて、問題を大衆に訴え、多くの新聞雑誌が論争をセンセーショナルに取り上げたために、戦線は次第に拡大されていった。最初は分類の指針として形態重視と機能重視の対立という純然たる生物学論争であったものが、比較解剖学の方法論としての哲学的解剖学と機能的解剖学の対立、さらには自然哲学的な推論が重要か事実の観察が重要かという科学観の対立、種の転成（進化）を認めるか認めないかという対立、そして最後には啓蒙主義者と保守主義者、アマチュア博物学者と職業的学者の対立という様相も帯びるようになっていた。この論争はフランスだけでなく、英国やドイツにも波及し、文豪ゲーテが参戦したことはよく知られている。

この時点における学問的論争としては、実証のレベルでキュヴィエに理があり、ジョフロアの主張は妄想とまでは言わないにしても、ほとんど思いつきの域を出なかった。生物の系統的連続性が学問の対象になるには、ダーウィンの自然淘汰説の出現を待たなければならなかった。

しかし、その後の生物学の発展は、ジョフロアの妄想じみた予見が正しかったことを明らかにしており、脊椎動物は無脊椎動物の体制の裏返しだという説も、近年のホメオティック遺伝子（動物の胚発生の初期に体の前後軸や体節構造を決定する遺伝子）の作用の解析によって、進化的な意味で間違いではないことが明らかになっている。

受け継がれなかった遺伝子

公的な生活においては公爵にまで叙せられ、栄華を極めたキュヴィエだったが、家庭生活は必ずしも恵まれたものではなかった。パリに出る二年前に母親を亡くし、職を得るとすぐに、八十歳近い父親と弟フレデリックのために仕送りを続けるが、その父親も一八〇二年に亡くなる。不幸は重なり、弟の妻が死産で、母子ともに命を失い、この世に兄弟二人だけがとり残されることになった。その寂寥を癒すために伴侶を求めるが、その相手は徴税請負人だったデュヴォセル氏の未亡人で、四人の子持ちだった。この当時の徴税請負人は、税金を徴収する過程で多額の金を貯め込んでいて裕福であったから、フランス革命の恐怖政治の時代には、徴税請負人は庶民の怨嗟の的となり、その多くが処刑され、かの近代科学の父ラヴォアジエさえも徴税請負人であったがゆえに処刑された。デュヴォセル氏も一七九四年に処刑されて財産も没収されていたから、この結婚は財産目当てではなかった。マダム・デュヴォセルは、まれにみるほど心優しく、気立てがよく、礼儀をわきまえた淑女であり、家庭を苛酷な公務から解放された安息の場にしたいというキュヴィエの想いが夫人を伴侶として選ばせたのだと、伝記作家（リー）は書いている。

この四人の継子のうち二人は早死にする。一人は一八〇九年にナポレオン軍が撤退する際にポルトガルで戦死する。もう一人のアルフレ・デュヴォセルは探検博物学者として、パリの博物館のためにインドおよび東南アジアの諸国から珍しい動植物を採集して将来を嘱望されていたが、苛酷な環境の中で一八二四年に病死してしまう。残った二人のうちの一人はボルドーの税関の高官となり、残るたった一人の娘は溺愛されて幸福に暮らし、キュヴィエの最期を看取り、死後は母親の唯一の慰めとなった。

デュヴォセル夫人との間には四人の実子が生まれたが、いずれも若死にし、天才キュヴィエの遺伝子を後世に残すことはできなかった。一八一二年には末っ子が生まれてすぐに亡くなり、一八一三年には四歳の娘を失い、一八一四年には七歳の息子を亡くした。この死はキュヴィエにとって非常に辛いもので、深く落ち込み、後年になってもこの年頃の男子を見る度に激しく心を揺さぶられ、その感情を家族や親密な友人の前でも隠すことができなかったという。最期の痛撃は一八二七年に訪れ、二十二歳になった美しく可憐な娘が結婚式の前夜に亡くなり、結婚式が葬儀に変わるという悲劇に見舞われた。

唯一の血縁者である弟は自然史博物館の教授となって、学問的遺伝子は束の間継承されるが、彼にもまた子どもはなく、結局天才キュヴィエの血統は途絶えてしまうことになる。キュヴィエ自身は、一八三二年にコレラに罹って六二歳の生涯を閉じるが、公人として功成り名を遂げた彼の葬儀では盛大で、ジョフロアをはじめとして多くの人が弔辞を述べて、それらの言葉は翌日のほとんどの新聞や雑誌に掲載された。

現在では、激変説の提唱者、古生物学の父、あるいはラマルクの宿敵として記憶される歴史的存在でしかなく、少なくとも日本では専門家以外にはほとんどその名が知られていない。生前の威勢と現在の知名度のこのギャップは、その正否はともかく、ラマルクと好対照をなすものである。

第三章　進化論を踏み台に栄達した進歩主義者―ハクスリー

ここで舞台はフランスから英国へ、花の都パリから霧にむせぶロンドンに移る。

ダーウィンのブルドッグと称されたトマス・ヘンリー・ハクスリーが進化論の普及に大きな貢献を果たしたことはよく知られている。しかし厳密にいえば、彼が普及させたのは進化思想であって、ダーウィンの進化論そのものではなかった。というわけで、彼の思想遍歴を、まずは生い立ちから探ってみよう。なお、トマス・ハクスリーについては、エイドリアン・デズモンドによる決定版ともいうべき伝記が出ているので、これを手がかりにして、その他いくつかの文献で触れられている記載を参考にしつつ、その経歴をたどってみる。

医師を目指した苦学生

トマスが生まれたのは一八二五年、場所はロンドンから二十キロメートルほど離れたイーリング（現在ではロンドンの特別区の一つで日本人居住者が多いことで知られる）という小さな村にある肉屋の二階だった。当時のイーリングは貧民街であり、長引く不況の中で街には失業者が満ちあふれ、トマスは幼い頃から下層社会の苦しみを実感させられていた。八人兄弟の七番目の子どもとして生まれたトマスは、八歳から父親が数学の教師をしていたイーリング校に通うが、十歳の時、家庭の事情で通学できなくなった。学校の資金難のために父親は退職を余儀なくされ、失業してしまったからである。短い学校生活で彼の記憶に残っているのは、体が小さいのにも関わらず、クラスの大柄ないじめっ子を不屈の闘志で倒したことだったという。後年のブルドッグの片鱗をうかがわせるエピソードである。

この貧しい幼年時代に、トマスは現実を逃避して、科学の世界を夢見ていた。十二歳の時、父親の書斎でジェームズ・ハットンの『地球の理論』に出会い、地質学の原理を学んだ。

また、トマス・カーライルの著作を読んで、社会の不平等に対する憤りをかき立てられ、社会を変革する英雄にならなければという想いにかられた。

十三歳の時に、一家は父親の故郷であるコヴェントリー（イングランドのウェストミッドランズ州にある工業都市）に転居したが、ここでも事態は好転せず、むしろ困窮の度は増し、その日の食事さえ事欠くことがままあった。ビールをがぶ飲みし阿片を吸うが、経験豊富な医師で、コヴェントリーに住む義兄（姉エレンの夫）のジョン・クックのもとにトマスは預けられ、徒弟奉公をする。医学の徒弟修業の傍ら、多くの本を読み、既成の体制と宗教権力に対する反感を募らせていく。

やがて二人の義兄とともにロンドン市街に転出した一八四一年は、ヴィクトリア女王が戴冠してから三年後、アルバート公と結婚式を挙げた年だった。義兄の手配でハクスリーはイースト・エンドの下層社会の医師トマス・チャンドラーに預けられ、徒弟奉公することになるが、そこは粗末なあばら屋が軒を連ね、犯罪が横行し、人々が汚物と病気の中でのたうちまわるおぞましい世界だった。トマスは、まさにディケンズの小説に描かれるような奴隷同然の人々の生活に直面する。

やがてハクスリーは、ロザーハイズ（テムズ川沿いの古い港町で現在はロンドン南東部の住宅街区）にあるチャンドラーの小さな診療所を任され、朝から夕方まで一人で働いたが、そこで見た地獄のような光景は一生彼の頭に焼きついて離れなかった。人々は不潔で不道徳で、そして飢えていた。彼は薬屋の二階に逃げ場を求め、薬の材料を挽きながら、この社会をどうすれば変えられるか、思索を重ね、次第に非国教会派、急進的なフランス科学、そしてベンサム流の経済学への共感を強めていった。

夜には化学、歴史、代数、幾何学、物理学も独学で勉強し、一八四一年の末にはついにそこを脱出して、姉のリッジーとその夫のところに転がり込んだ。そして義兄からの援助を得てシドナム・カレッジ（学費の安い解剖学の学校）に入学し、医学、化学、法医学などの授業を受け、優れた成績を残した。政情不穏なロンドンで、他大学の関心ある講義を聴講したりして刻苦勉励し、一八四二年、十七歳のとき時に、チャリング・クロス病院（ロンドン大学と提携していた病院）の奨学金を勝ち取って、医学者としてのキャリアを開始する。そして、苦学しながら二十歳の時にはロンドン大学の解剖学および生理学の授業で首席となった。

当時のハクスリーは外科医を目指していたが、免許を得るためにはイングランド王立外科医師会の会員にならなければならなかった。しかし、二十歳のトマスにはまだ資格がない。一方で、奨学金その他の負債が溜まっていたためにどうしても金が必要だった。そこで友人の薦めに従って、二十一歳の時に彼は英国海軍に入隊することにし、一八四六年十二月に軍医補として戦艦「ラトルスネーク号」に乗船して、ニューギニアとオーストラリアへの探検調査に向かう。それは苛酷な旅で、彼は帰路のマリアナ諸島近くで雨天続きの航海をしていた一八四九年八月の日記に「お湯で温められたようなこの木の箱に一五〇人の男が閉じ込められているという以上に耐え難い不快さというものを思い浮かべることができるとは思えない。……暑すぎて眠れず、私の唯一の楽しみは、嬉しそうに走り回るゴキブリを眺めることだけだ」と書いている。

そのような悪条件にも関わらず、彼は多くの海生無脊椎動物を採集して特にヒドロ虫類を研究した。そして、このグループの共通構造を明らかにした論文は、学界で高い評価を受け、帰国後の一八五〇年にはロイヤル・ソサエティ（王立協会）の会員に選ばれ、一八五二年にロイヤル・メダルを与えられ、博物学者としての幸先の良いスタートをきることができた。また、カツオノエボシが単体ではなく、群体であることなども明らかにした。

ラトルスネーク号は、一八四七年の六月にオーストラリアへの英国人最初の入植地であるタスマニア島のホバート港に着き、そこから北上して最大の都市シドニーに到着したが、この地で彼は婚約者を得た。シドニーの港で催された舞踏会で出会った英国移民ヘンリエッタ・ヒートホーンと恋に墜ち、婚約し、帰国して落ち着いたら結婚するということになったのだ。しかし、帰国したハクスリーにはなかなか定職が見つからなかった。ずっと文通を続けながら、やっと一八五四年に英国鉱山学校（現在はインペリアル・カレッジ・ロンドンに統合されている）の常勤講師の職を得て彼女を呼び寄せることができた。そして一八五五年に結婚して五人の娘と三人の息子をもうけ、華麗なるハクスリー一族の基礎を築くことになる。

ダーウィンとの同盟

ダーウィンとの交流は、ハクスリーが海生無脊椎動物に関するいくつかの論文を送ったことから始まる。ダーウィンは、そのお返しに推薦状を書いたり、蔓脚類（まんきゃくるい）（フジツボの仲間）の単行本の第一巻を献呈したりした。そうした文通が続いた後、一八五三年四月の地質学会で初めて二人は直接に顔を合わせる。ここでダーウィンは、ハクスリーに蔓脚類の本を書評してほしいと依頼した（書評は一八五四年の『ウェストミンスター・レヴュー』誌に掲載された）。結果的にこの研究でダーウィンはロイヤル・メダルを得ることになるのだが、発表当時は世間からどう評価されるか自信がなく、一人でも多くの支持者が欲しいと思っていた。ハクスリーはまだ定職を得てはいなかったが、雑誌などに寄稿された彼の書評は、雄弁で説得力があった。ハクスリーを味方に付ければ心強いとダーウィンは考えたのだ。

ハクスリー自身は、最初のうち種の転成すなわち進化には懐疑的で、ラマルクの進化論は根拠が薄弱だとして退け、一八四四年に出版されて話題を呼んだ『創造の自然史の痕跡』を知的な意味はまったくないと酷評していた。

この本の著者は、出版業者で骨相学者のロバート・チェンバースだったが、彼は宗教界からの反撃を危惧して匿名で出版していた。この本は、初めて公然と進化が主張された著作物ではあったが、実証的な根拠に乏しく、一貫した理論もなかったので、著者の予想通り激しい批判にさらされた。

ところで、ハクスリーが「進化」を受け入れなかった理由は宗教的なものではなく、実証的なものだった。太古の化石動物にもよく似た現生の近縁種がいることや、中間種の欠如などがその主たる論拠だった。彼が進化論に回心するのは、一八五六年四月に妻のヘンリエッタとダーウィン邸を訪問してから後のことだった。ダーウィンはハクスリーの進化に関する異論を一つ一つ聞いて、それに反証しながら自説を述べた。ハクスリーは、とりあえずダーウィンの説得を受け入れるが、全面的に賛成したわけではなかった。特に個体変異に自然淘汰が働く漸進的進化という考えには納得せず、終生、漸進説ではなく跳躍説的な進化観をもち続けた（私見では、これはハクスリーが化石を研究したことと関係があるのではないかと思う。化石の記録は進化に断絶があったことを示唆するので、現在でも、古生物学者には漸進的な進化よりも断続的な進化に親和性を抱く人が多い）。

ハクスリーが『種の起原』を読んだ時、「こんな簡単なことに気づかなかったなんて、なんて馬鹿だったのだ」と叫んだという話は有名だが、出典は、フランシス・ダーウィン編の『チャールズ・ダーウィンの生涯と手紙』（全二巻一八八七）に収録されているハクスリーの「『種の起原』の受容について」という文章で、そこには次のように書かれている。

『種の起原』は、我々に探し求めた作業仮説を提供した。それだけでなく、かのジレンマ——創造仮説の受容を拒んだとして、いかなる熟慮をもってしても筋の通ったものとしても受け入れることができるような、いかなる代案があるのか？——から我々を永遠に解放してくれるという計り知れない貢献もしてくれた。一八五七年には私はすぐに出せる答をもっておらず、他の誰かがもっているとも思っていなかった。一年後、我々はそうした質問に困惑させられる愚鈍さに自責の念にかられていた。『種の起原』の中心的な考え方を私が初めてしっかり習得した時、私の感想は「それを考えつかなかったなんて、なんという馬鹿だったのか！」というものだった。同じことを、コロンブスが卵を立てた時に、彼の仲間も言ったと思う。変異、生存競争、環境条件への適応という諸事実は誰の目にも明らかだったが、我々の誰一人として、種の問題の核心に通じる道が、それらの事実の下にあることを、ダーウィンとウォレスが闇を消し去り、『種の起原』の松明が闇の中を導いてくれるまで、思いもしなかったのだ。

ここで、ハクスリーは『種の起原』の「中心的な考え方」とは言っているが、自然淘汰という言葉は出していない。変異、生存競争、適応の三点セットを認めていることからすれば、自然淘汰の意義を理解しているようにも思えるのだが、先に述べたようにハクスリーは自然淘汰による漸進的進化を認めていない。彼がここで、自然淘汰ではなく「生存競争」という言葉を使っているのがその傍証の一つだが、問題は「変異」の中身である。ダーウィンは、進化は個体間のわずかな連続的変異の（自然淘汰による）漸進的な累積によって起こるのであり、不連続的に突発する大きな変異は進化において重要ではないと考えていた。

それに対して、ハクスリーは跳躍的な進化を重視し、『タイムズ』紙の書評で、ダーウィンは「自然は飛躍せず」(natura non facit saltum)という格言にとらわれ過ぎで、それがなければもっと説得力が増しただろうと述べ、自分は自然は折に触れて飛躍するものであり、その事実の認識は少なからぬ重要性をもつと信じると述べている。したがって、彼の言う「中心的な考え方」とは、飛躍的な変異に基づく生存競争による進化のことであろう。


ダーウィンは口下手で、討論や講演は得意ではなく、ハクスリーが自分に代わって進化論擁護の論陣を張ってくれることを期待し歓迎したが、進化論に託す二人の夢は必ずしも同じではなかった。ダーウィンにとって、進化論は単に進化の事実を証明するだけのものではなかった。自然淘汰による進化は、生物に関するあらゆる現象を説明できる博物学の統一原理とも呼べるものであり、その認識の周知が夢だった。ただ、自然淘汰の意義を世間に認めさせるためには、まず前段階として、個別創造説を信じる当時の風潮に抗して種の不変性を否定し、種の進化を認めさせなければならなかった。そのために、ハクスリーたちの援護射撃をぜひとも必要としたのだ。

一方、ハクスリーの夢は進化論の普及そのものではなく、進化論の擁護を通じて自らの政治的目標を実現することだった。その政治的目標とは、フランス革命の影響を受けた王権や教会に対する闘いであり、いわば一七世紀のイギリス革命において中途半端な形で終わったブルジョワ革命の完成でもあった。科学の世界では、「無能な」聖職者に独占されているオックスフォード大学やケンブリッジ大学の教授の地位を、真に能力のある職業的な科学者の手に奪い取り、新しい科学的な世界観を普及させることであった。そのためには、貧困にあえぐ労働者大衆の声を組織し、進歩が必然であり、改革や革命が避けがたいことを知らしめるのが得策であり、既成の権力が忌み嫌う進化論を擁護するのがあらゆる意味で戦略的に正しいと考えたわけである。以後、ハクスリーはダーウィンのブルドッグと称せられるほどに激しい舌鋒で進化論擁護の論陣を張った。立ち向かう敵に対して、常に牙と爪を磨いていたのだ。ダーウィンに言わせれば、ハクスリーは（進化論という悪魔の）「福音を伝えてくれる自分の代理人」だった。それだけでなく、個人的にもハクスリー夫妻とダーウィン夫妻は生涯にわたってまさに家族ぐるみの友情を保ち続けたのである。

聖戦の開始

ハクスリーは、鉱山学校に職を得てから一年後の一八五五年に労働者向けの講義を開始し、一八五六年にロイヤル・インスティチューション（王立研究所）のフラー教授職（この研究所のパトロンであったジョン・フラーが寄付した講座で初代教授はマイケル・ファラデー）に就任すると、ロンドンの教師たちを組織して多数の講演会を開き、その圧倒的な雄弁で啓蒙活動を展開し、科学者という職業の地位向上のために奮戦した。

ダーウィンの進化論を条件付きで認めたハクスリーは、仲間たちとともに進化論という大義を旗印に掲げ、守旧派に対する聖戦を始めたのだった。いうまでもないが、それは言論による闘いであり、暴力によるものではなかった。ダーウィンが一八五九年末に『種の起原』を刊行すると、ハクスリーはただちに『タイムズ』紙に匿名で書評を書き、同志である植物学者のジョセフ・フッカーも園芸雑誌『ガーデナーズ・クロニクル』に書評を書いて、それぞれの立場で激賞した。

ハクスリーは、講演会で進化論を取り上げ、その弁舌で聴衆を熱狂に駆り立てた。ヒトと類人猿の知的能力の違いは大きいことを認めつつも、それが身体の機能に支えられていることを説き、言葉を話すという人間の偉大な能力も、声門の筋肉を支配している二本の神経がほんのわずか変化を被るだけで不可能になるのであり、機能が構造によって大きく変化し得るのだと語った。そして結論として、「ダーウィン氏の著作は、キュヴィエの『動物界』、フォン・ベーアの『発生学史』以降の生物学にとっての最大の貢献であるという私の確信にご賛同頂けるものと信じる。……その理論的な部分を剥ぎ取れば、それはおよそ一人の人間がこれまで提示できた生物学的学説の最大の百科事典であり、仮説の体系としては、これからの三世代、四世代にわたって生物学的・心理学的推論の導きの糸になるのは確かなのです」（一八六二～六三年の演説）と断じた。

ハクスリーのまわりに集結した聖戦の中心人物たちは、一八六四年十一月にXクラブと称するフリーメーソン的な秘密結社を結成した。

このクラブの目標は、自然を反動的な神学から解放し、科学を貴族の手から奪い取って英国文化の頂点に知の司祭を据えること、具体的にはロイヤル・ソサエティの実権を握ることだった。

そのメンバーは、ハクスリーと次章の主人公であるハーバード・スペンサーの他、ジョセフ・フッカー、物理学者で登山家のジョン・ティンダル、銀行家で生物学者のジョン・ラボック、物理学者のトマス・ハースト、化学者のエドワード・フランクランド、動物学者で古生物学者のジョージ・バスク、そして後から参加した数学者のウィリアム・スポティスウッドの計九名であった。

Xクラブが最初に仕掛けたのは、ロイヤル・ソサエティのコプリ・メダル（初期の会員であったゴットフリー・ポプリが寄付した遺産を基金にした科学的業績に関して最も権威のある賞で毎年一人に授与される）をダーウィンに取らせることだった。クラブ員の多数派工作が功を奏し、十対八の得票でダーウィンの授賞が決まり、Xクラブは最初の勝利を勝ち取った。しかし、これは古くからの会員に少なからぬ衝撃を与えた。時の会長エドワード・サビーンは授賞講演において、その授賞理由から『種の起原』を削除したが、それがまたXクラブの面々の憤激を買うことになった。

次いでクラブは、自分たちの思想を伝える媒体として、資金を出し合って一八六一年に『リーダー（読書人）』という週刊評論誌を創刊した。この雑誌の一八六四年十二月号にハクスリーは、「科学と「教会の方針」」という論説を発表した。神学などなくとも敬虔な信仰心は成立すると主張する一方で、教会という害虫を根絶する必要を説き、神学との間の妥協はあり得ず完全勝利を目指すのみだという、激烈な闘争宣言だった。この宣言に対して、守旧派は教皇ピウス三世の回勅をもって応酬した。この回勅には「誤謬表（Syllabus Errorum）」が添えられていて、汎神論、合理主義、自由主義、社会主義など、あらゆる現代文明の要素を誤謬と断じていた。ハクスリーはこれに反論を加えることによって、ますます先鋭化していくが、その結果、穏健なスポンサーや読者が手を引くことになり、雑誌の刊行が困難になってしまう。改革派の科学者たちはそれぞれ独自の政治活動をするようになる。そして、科学的な意見発表の場としては、『リーダー』誌の編集人だった天文学者ノーマン・ロッキャーが、一八六九年に諸科学の情報交換を目的として創刊した総合科学雑誌『ネイチャー』がその場を提供した。

その後、様々な紆余曲折はあるが、Xクラブの目標は最終的に達成され、ロイヤル・ソサエティ第三十三代の会長にフッカーが就任したのに続いて、三十四代会長スポティスウッド、三十五代会長ハクスリーと、三代十二年間にわたって協会の実権をXクラブのメンバーが握ることになったのである。

オーウェンとの論争

リチャード・オーウェン（一八〇四〜一八九二）については、進化論の歴史を考えるにあたって、簡単に触れておく必要がある。

オーウェンは、キュヴィエおよびジョフロア・サン＝ティレールと並ぶ、比較解剖学の確立者の一人である。キュヴィエとは互いに行き来して交流があり、「英国のキュヴィエ」とも呼ばれた。「相同（homology）」と「相似（analogy）」の明確な概念的区別をおこなったことが生物学におけるオーウェンの最大の業績であったが、彼にとって「相同」は神が心の内に抱く原型の現れであった。恐竜（Dinosauria）という言葉をつくったことでも名高いが、他の研究者の功績を横取りしたという濃厚な疑惑のゆえに、最後にはロイヤル・ソサエティから除名された。

ダーウィンがビーグル号の旅から戻った時、オーウェンは既にひとかどの解剖学者として名を成していた。ダーウィンは、ビーグル号での航海から戻った直後に、チャールズ・ライエルが主催したあるパーティでオーウェンに紹介された。以来、オーウェンとダーウィンは親密な友人、学問の同僚となった。オーウェンはダーウィンが集めた哺乳類化石のすべてを記載し、ビーグル号航海後に出版された動物学関係の出版物で、化石哺乳類の項を執筆した。また、ダーウィンが、蔓脚類の系統分類学という壮大な研究に取り組む意欲をかきたてる上で、決定的な役割も果たした。ダーウィンは最初、航海で見つけた珍奇な一種についてだけ記載するつもりだったのだが、オーウェンは、研究の範囲を広げて蔓脚類全体を幅広く比較し、蔓脚類に共通の構造を考察してみる方がいいのではないかと忠告した。この忠告のお陰でダーウィンは分類学研究の基本を身に付け、変異のもつ意味を深く考えることができたのである。後に最も激烈な反進化論者となるオーウェンが、ダーウィンの思想形成において一つの重要な契機を与えたということは、歴史の皮肉としかいいようがない。

オーウェンは信仰に基づく個別創造説論者で、かつキュヴィエ的な原型（アーキタイプ）説の信奉者であり、変異とは一つの分類カテゴリーに属するすべての生物に共通する理想的な体制（ボディ・プラン）の変形に過ぎないと考えていた。したがって、種の転成（進化）という考えには根本的に反対だった。しかし、最初のうちダーウィンとは友人関係にあったため、『種の起原』刊行に際して強く反対の声をあげることはなかった。しかし、当時の彼は英国を代表する博物学者であったため、旗幟を鮮明にすべき立場に追い込まれた。そこで一八六〇年に『エディンバラ・レヴュー』誌に寄せた書評で、ダーウィンの進化論に異議を申し立て、その考え方に対するあからさまな憎悪を明らかにした。さらに、自らを批判するハクスリーを「何らかの、おそらく先天的な精神の欠陥をもつ」背教者と罵った。だが、これはハクスリーの戦闘意欲をかきたてた。オーウェンは頑迷な国教会派で、学界における枢要な地位（大英博物館自然史部門の最高責任者）を占めていたことから、ハクスリーにとって、オーウェンを攻撃し進化論を宣伝することは、まさに自らの目的に適っていた。

ハクスリーは、『種の起原』の出版以前から『ウェストミンスター・レヴュー』誌を拠点にスペンサーらとともにオーウェン批判を展開していたが、論争の決定的な発端になったのは、一八五七年にオーウェンがロンドン・リンネ協会の雑誌に寄稿した哺乳類の分類に関する論文だった。その論文で彼は、自らがおこなった解剖の結果に基づき、ゴリラのような野蛮なサル（類人猿）が直立歩行するようになってヒトに転成するようなことはあり得ないと断言した。そして、ヒトが類人猿および哺乳類全般と著しい違いを有することから、ヒトはサルと別種であるだけでなく、哺乳類の亜綱（sub-class）にすべきだという見解を述べたのだ。その最大の根拠は、脳の小海馬と呼ばれる部位がヒトにしか存在しないという所見であった。

これに対してハクスリーは、一八五八年三月ロイヤル・インスティチューションにおける自分の授業の中で、「ヒトの際立った特徴」と題する講義を追加した。この講義では、背後にヒトとゴリラおよびヒヒの頭骨の図を示しながら、「ヒトとゴリラの違いは、ゴリラとヒヒの違いに比べてとりわけ大きなものではないことを認めざるを得ない」と論じ、最終的に「動物と我々人類における知的・道徳的能力は、本質的かつ根本的に同じ種類のものであると信じる他ない。私は本能的行動と理性的な行動の間に線を引くことはできない」と結論した。さらに六月には、ロイヤル・ソサエティでおこなわれた「脊椎動物の頭骨に関する理論について」と題する講演で、座長席にいるオーウェンの面前で、脊椎動物の頭骨が椎骨由来ではないことを証明し、それを根拠とする原型説を完膚なきまでに粉砕した。こうしたハクスリーとオーウェンの対立は学界内部の論争であったが、次項に述べる一八六〇年のウィルバーフォース司教との対決において、広く世間の知るところとなった。

オーウェンとの論争には様々な要素があるが、根本的には人類の起源が問われていた。すなわち、人類が特別な存在なのか、それとも進化した動物なのかという論争に行き着くことになる。ダーウィンは人類に言及することに慎重であったが、ハクスリーにとっては、それこそが進化論を擁護する最大の理由であり、『種の起原』刊行前から、ヒトの進化をいろいろなところで論じていた。そのことを体系的な形でまとめたのは、『自然界における人間の地位』においてであり、その内容については別項で述べることにする。

ウィルバーフォース司教との対決

神学との戦いに勝利し、科学的な世界観を普及させることが、自らの使命であると考えていたハクスリーにとって、宗教、特に英国国教会の聖職者は打倒すべき最大の敵であった。なぜなら、当時のオックスフォード大学やケンブリッジ大学の教授は国教会から叙任された聖職者でなければならず、そのことが科学の発展にとって大きな妨げになっており、さらにキリスト教の個別創造説は進化論受容の壁になっていたからである。おまけにウィルバーフォース司教の後ろには、憎きリチャード・オーウェンがついていた。論争における司教の主張の大部分は、あらかじめオーウェンが知恵を授けたものであった。

したがって、公衆の面前でウィルバーフォース司教と論戦し、見事に論破すれば、それは進化論推進陣営にとって絶好の宣伝材料になる。そうした文脈で、後世、あの有名な逸話が広く伝えられることになった。すなわち、ウィルバーフォースが「あなたは類人猿の子孫だそうですが、それはお祖父さんを通じてですか、それともお祖母さんを通じてでしょうか」と問いかけたのに対して、ハクスリーは「祖先が類人猿だったとしても、何も恥ずかしいと思う理由などありません。それよりも、学識ある人物なのに、知りもしない問題に首を突っ込んで、無意味な詭弁を弄して話を誤魔化してしまうような祖先をもつ方が恥ずかしいでしょう」と応酬してやり込めたというエピソードである。一八六〇年六月三十日、英国科学振興協会の会合における出来事だとされた。

ところが、スティーヴン・ジェイ・グールドがエッセイ集『がんばれカミナリ竜』に書いているように、このやりとりもどうやら一種の都市伝説であったらしい。ハクスリーが後に稀代の雄弁家になったのは確かだが、この頃のハクスリーは興奮し過ぎると、うまくとっさの受け答えができず、またこの時の反論は聴衆にはほとんど聞こえなかったこともあり、その科白でハクスリーが勝ったなどという印象は誰も受けなかったようである。ウィルバーフォース自身は、この論戦の三日後に書いた手紙で「私は彼を徹底的にやっつけたと思う」と述べているし、この講演会に出席していた人々の記録を見ると、むしろ司教の方が優勢だったような雰囲気がうかがえる。

実際にダーウィン進化論を理路整然と擁護したのは、植物学者でダーウィンの盟友であったフッカーだった。ウィルバーフォース司教に向かって、「あなたは、ダーウィンの理論が、現生のある種が別の種に変わること（転成）を主張するものであるかのようにほのめかされましたが、変異と自然淘汰による種の漸進的な発展はそれとはまったく違うもので、二つを混同されています。そうした転成説はダーウィン氏の研究とはまったく相反するものです。もしダーウィン氏の本をきちんとお読みになったのなら、そのような誤りを犯すはずはありません」と反論し、読まずに非難することを鋭く指摘したのに対して、司教は答えることができなかったという。

しかしながら、ハクスリーはこの伝説を巧みに利用し、進化論革命の旗手としの揺るぎない地位を確立して、やがて学界の権力の頂点にまで登りつめることになったのである。

自然界における人間の地位

ダーウィンが『種の起原』でヒトの進化について触れなかったのは、宗教界からの異論を慮ったためであり、最終章で、「いつの日か、人間の起原とその歴史について光が当てられることだろう」と述べるにとどめていた。ダーウィンが人類の進化について本格的に論じるのは、やっと一八七一年になって『人間の由来』を出版してからのことである。

ハクスリーにとって、人類がより優れた生物として進化してきたものであり、これからも進歩し続けるということこそ、進化論擁護の最大の力点だった。彼は、一八六〇年代に入ると、労働者を対象に人間の進化に関する講演を積極的におこない、一八六三年（時あたかもアメリカ南北戦争の最中であった。ちなみに、ハクスリーだけでなくXクラブのすべてのメンバーは、奴隷解放政策および北軍を支持した）にそれらの内容をまとめる形で、『自然界における人間の地位』（初版の正式なタイトルはEvidence as to Man's Place in Nature）を出版した。この本は、それ以前の三年間におこなった講演録をまとめて、一八六三年に刊行されたもので、ダーウィンは「万歳！　あのサル本が出たよ！」と歓喜した。ラテン語をちりばめて格好をつけた大著ではなく、大衆向けの切れのいい口語体で書かれていたので、ハクスリーの人気とあいまって、初版一〇〇〇部は数週間で売り切れ、増刷されることになった。そして、十年以内に、ドイツ語、ロシア語、フランス語、イタリア語、ポーランド語に翻訳され全世界に大きな影響を及ぼした。エンゲルスはマルクスに、この本は「非常にいい」と語ったのであり、自らの著作でも論じている。かくして、この本が当時の社会に与えた影響は、『種の起原』に優るとも劣らないものとなったのである。

なお、この本の口絵には、ヒトを先頭に四種の類人猿の骨格が行進する図が掲げられていて、本の内容を端的に表していた。この図は、類人猿からヒトへの進化が一目でわかるという意味で直観に強く訴えかけるものではあるが、後世の進化論理解に大きな誤解の種を残すものでもあった。なぜなら、この図はテナガザル→オランウータン→チンパンジー・ゴリラ→ヒトという直線的な進化系列があったように思わせるからである。参考に示した現在のヒト上科の系統樹からわかるように、これらの類人猿とヒトとの類縁関係は決して直線的なものではない（ヒトとの類縁の近さに関してもハクスリーの図は間違っていて、ヒトに最も近いのはチンパンジーである）。いずれにせよ、この図はスティーヴン・ジェイ・グールドが『ワンダフル・ライフ』で批判した、サルからヒトへの直線的な進化系列を示す後世の図の祖型ともいうべきものである。

本は三章から構成されていて（一九〇六年の増補版では十二の章が追加されて全十五章となっている）、第一章「類人猿の博物誌」では、当時の類人猿に関する知見がまとめられている。ヨーロッパ人がアフリカの生物について記録を残し始めた一七世紀以降の記録の中に、類人猿についての記録を探し出して、その正体が何であったかを解明して

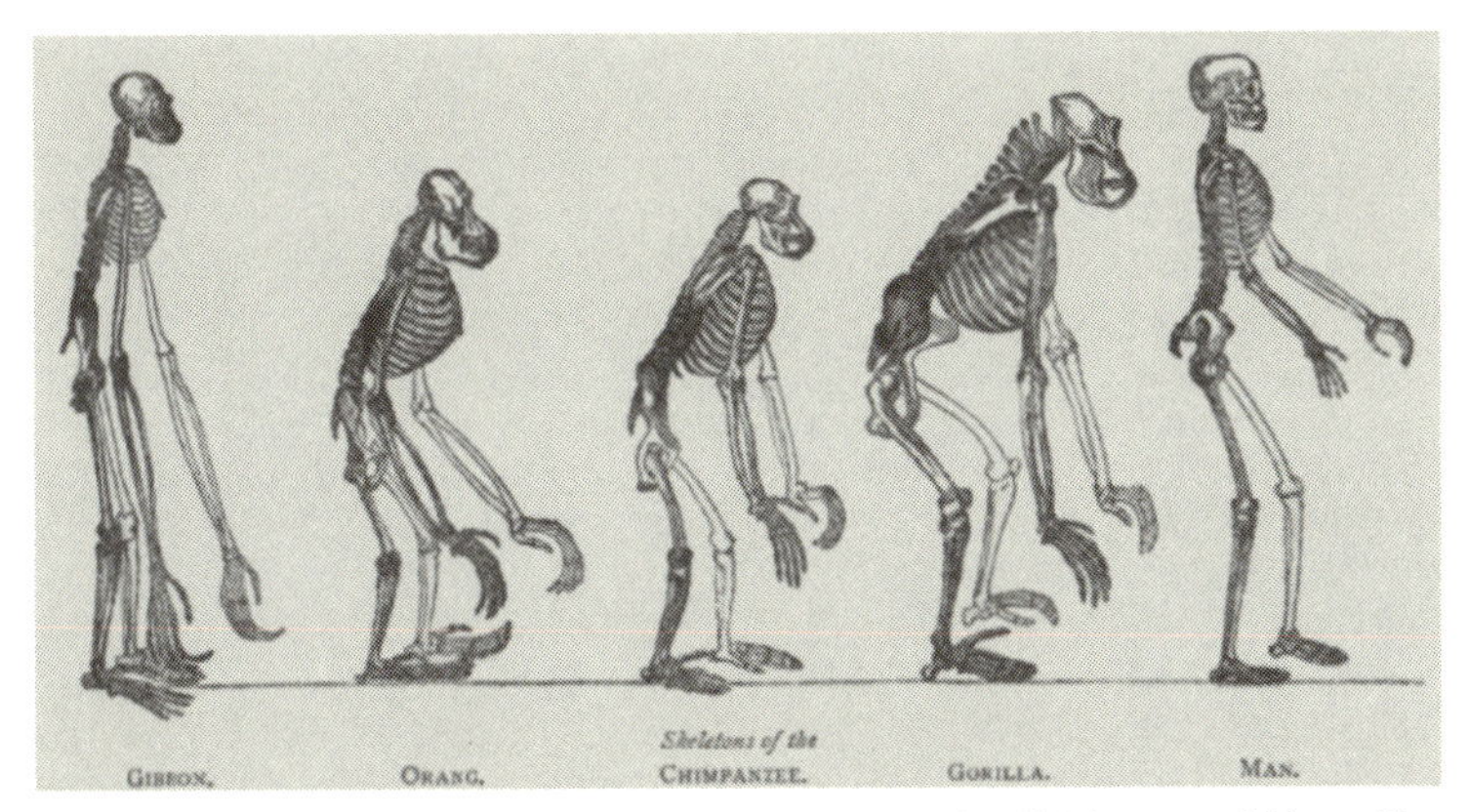

『自然界における人間の地位』の口絵。英国王立外科医師会の博物館にある表補から描いたテナガザル、オランウータン、チンパンジー、ゴリラ、ヒトの骨格（テナガザルだけは実際の大きさの２倍に描かれている）

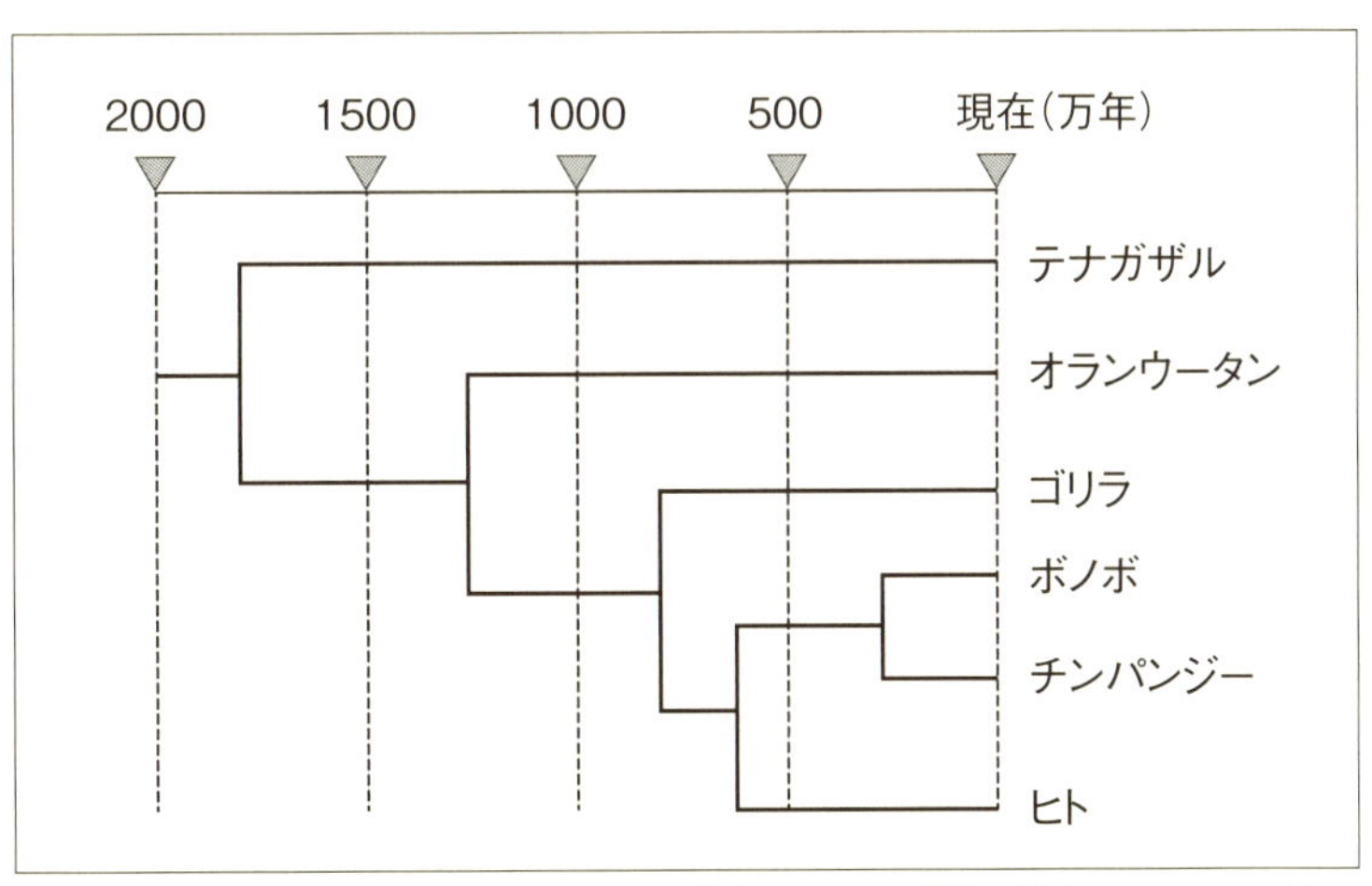

現在、一般的に認められているヒト上科の系統樹。ヒトとの類縁の近さは、チンパンジー、ゴリラ、オランウータン、テナガザルの順である。

いく。たとえば、実物を一度も見たことがないのに類人猿を分類したリンネが依拠した弟子のホッピウスの図について書いている。図に描かれているのは、左から順にヒトから遠ざかり、Pigmaeus が最も遠縁の存在だとされている。ハクスリーによれば、穴居人（Troglodyta Bontii）は、ヤコブス・ボンティウスの架空の「オランウータン」の図の写しであるが、リンネはその実在を信じていたらしい。有尾人（Lucifer Ardrowandii）は、アルドロヴァンディの本からの写しで、リンネは『自然の体系』で、これを *Homo caudatus* と呼び、ヒト属の第三の種と考えていたようだ。Satyrus Tulpii は一七三八年のスコティンの本にあるチンパンジーの絵の写しで、リンネの体系では *Satyrus indicus* とされている。Pigmaeus Edwardi は、エドワーズの「森の人間」すなわちオランウータンの若い個体であるといった具合で、極めて不正確な知識しかなかったことが示されている。

その後、ビュフォン以降、ハクスリーの同時代までの類人猿に関する報告を検証し、テナガザル、オランウータン、ゴリラ、チンパンジーの解剖学的・生態学的実像を描いていく。

第二章「下等動物とヒトとの関係」はこの本の主題で、自然界における人類の位置付けについて論じられている。まず、ヒトと他の動物の類縁性の論拠として胚発生をとりあげている。すべての脊椎動物は受精卵から細胞分裂を繰り返し、卵割、原条ができ、そこから脊索が形成され、それから先は次第に成体に似た姿になる。そして類縁の近い動物ほど胚はお互いによく似ているという通則がある。類人猿とヒトの胚は非常に遅くまで、その形がよく似ていることがその類縁性を物語っていると指摘する。次いで、類人猿とヒトの骨盤の構造、さらには頭骨、上顎骨、足の骨の構造の比較を通して、両者の類縁性を明らかにする。そして最後に、脳の比較を持ち出し、ヒトが特別な存在だとするオーウェンの主張をことごとく否定し、特に小海馬がヒトにしかないという主張に対する反証を示し、論争の経緯を詳らかにしながら、大型類人猿とヒトの間に大きな断絶がないことを結論している。

第三章「いくつかの人類化石」では、まずベルギーのエンギスで発見された子どもの頭骨およびデュッセルドルフ近郊のネアンデルタールで発見された成人の頭骨をとりあげて

リンネ（実際にはホッピウス）のヒト形目４種の図。左から順に、Troglodyta Bontii、Lucifer Aldrovandi、Satyrus Tulpii、Pygmaeus Edwardi。

いる。フールロットとシャーフハウゼンの綿密な比較解剖学的な考証を根拠に、これが病気の現生人類の骨だとするフィルヒョウらの説を退け、類人猿とホモ・サピエンスの中間に位置するもの（ネアンデルタール人）の骨だと断定している。その他、当時発見されていた少数のヒト科化石について、古いオーストラリア先住民やオランダ人の頭骨と比較検証している。

結論として、彼は類人猿とヒトは科の違いであるとする（現在では、亜科のレベルの違いであると考えられている）。

当時におけるハクスリーの手持ちの材料は極めて乏しく、証拠は弱いが、少なくともヒトが科学の対象となり得ることを、具体的に例証したものとして、本書は画期的だった。これを契機として、人類進化の科学的研究が始まり、その後の多数の化石人類の発見につながったのだから、ハクスリーが形質人類学および古人類学の祖と呼ばれるのは当然である。彼の功績を讃えてつくられたハクスリー・メダル（王立人類学研究所が授与）は、現在においても人類学に関して国際的に最も栄誉ある学術勲章となっている。

進化と倫理

ハクスリーは、次章で述べるハーバート・スペンサーと同じく、社会進化論の提唱者であったが、スペンサーが「進化」を宇宙から人間社会に至るまであらゆる現象に適用できる一元的な法則であると考えたのに対して、ハクスリーは生物学的な進化と社会・文明の進歩は次元が異なると考えていた。生物学的な進化は、生存競争と自然淘汰という「宇宙的な過程」によるものであり、そこには倫理的な意味も目的も存在しない。不正義や不道徳な行動であっても、生存上の価値がある限り生き残る。倫理にもとる行為も、やがて子孫が償いを受けるから許されるという擁護論に対して、「エオヒップスは、数百万年後にその子孫のうちの一頭がダービーで優勝したという事実から、いまの苦しみ対するどんな慰めを得るというのだ」と反論する。

むしろハクスリーは、文明的な進歩は、生物学的な進化を推進してきた生存競争の本能を抑制する「倫理的な過程」によってのみ可能になると考えた。社会を維持するためには、互いの協力が必要になるから、利己性の抑制が不可欠になる。オオカミでさえ、獲物を効率的に捕らえるために、群れのメンバーは互いに忠誠を誓うではないか。いってみれば、文明社会の倫理は、人間どうしの生存競争を消滅させることを究極的な目標とする。しかし、話はそう単純ではない。人間の本性に潜む利己性は、教育や修練によって軽減させることはできても、全面的になくすことはできないし、なくしてしまえば人間の創造的な活力を奪うだろう。それだけでなく、文明の発展した社会では、戦争や疫病、飢餓といった人口抑制に役立っていた現象が減るために、食糧不足から新たな生存競争を招くというジレンマを内包することになる。

ハクスリーは、人類進化における倫理の役割を重視し、自身は不可知論（agnosticism：この言葉はハクスリー自身の造語である）を奉じて、神を信じなかったにもかかわらず、学校教育で聖書を教えることを推奨したのは、聖書の中に重要な倫理的教訓が含まれていることを評価したからであった。彼はいくつかの論文で、人間にとっての倫理の問題を論じているが、一八八三年の「進化と倫理」という講演で、本格的にこの問題を扱った。この講演録に、序文として「プロレゴメナ」他、数編の論文を加えたものが一八八四年に『進化と倫理および関連論文』という五章から成る単行本として出版されている。

この講演では、英国のおとぎ話「ジャックとマメの木」を枕にして、豆から芽がでて大木になるまでの過程を、自然的な要因による「宇宙的過程」になぞらえ、豆の木をつたい登ってたどり着いた豊かな自然と富に恵まれた天界を「倫理的過程」が支配する文明社会になぞらえる。生物進化という豆の木を登っていく時、その推進力となったのは、自己の命を優先し、奪えるものはすべて奪うという利己的な生存競争の能力だった。しかし、天界に達した人類は社会を形成し、文明化が進むとそうした性質はむしろ有害になる。社会生活は、むきだしの生存競争を抑制することを必要とするからである。言い換えれば、倫理と文明は「宇宙的過程」に抵抗することから生まれるのだという。

そして講演の最後の方で、こう述べている。

文明の歴史は、人類が宇宙の中に人工的な世界を築き上げることに成功してきた各段階を詳らかにしています。パスカルが言うように、人間はか弱い葦かもしれませんが、考える葦なのです。人間の中には知的に作用することができ、その限りでは、宇宙的過程に影響を与え、変更させる宇宙に遍くいきわたるエネルギーに似た、エネルギーの蓄えがあります。その知性のおかげで、矮小な人類が巨神ティターン（タイタン）を意のままに従わせるのです。あらゆる種族において、確立されたあらゆる統治形態において、人間の宇宙的過程は制約されるか、さもなければ法や慣習によって改変されています。まわりの環境においても、牧畜民、農民、職人の人為によって、同じように影響を受けてきました。文明が発展するにつれて、この干渉の度合いも増していきます。ついには、今日の体系化されて高度に発展した科学技術は、人間以外の自然の成りゆきに対する、かつて魔術師に帰されていたものよりも大きな支配力を授けるようになりました。そうした成りゆきの変化の中で、最も印象的なものは、驚くべきと言った方がいいのかもしれませんが、ここ二〇〇年の間にもたらされたものです。生命過程とその表出に影響を与える手段についての正しい理解が、いままさにわかりはじめてきたばかりなのです。一般性を越えた先の道は、まだ私たちには見えておらず、誤ったアナロジーや粗雑な予測の無理強いに悩まされています。しかし、天文学、物理学、化学もすべて、人間界の重要な要因となる段階に到達するまでは、同じような段階を通り抜けてきたのです。生理学、心理学、倫理学、政治学もまた同じ試練に遭わなければならないでしょう。とはいえ、そう遠くない時代に、それらが実践の分野において大きな革命的働きをすることに疑いを抱くのは、不合理であるように思われます。

進化論は、決して千年王国的な見通しをもたらすものではありません。もし一〇〇万年の間、わが地球が上昇の道を上り続けたとしても、それでもいつか頂点に達し、今度は下降が始まるでしょう。最も大胆な想像をしても、人類の力と知性がこの大周期の進行を何とかして阻むことができるとまでは言い切ることはほとんどできないでしょう。

ここには、一種の循環史観のようなものがうかがわれ、人類にバラ色の未来が待ち受けているとは決して思っていない。理想的な社会の到来を楽天的に信じていたスペンサーに比べて、ハクスリーははるかにペシミスティックであった。

華麗なる一族の誕生

個人としての学問的業績という点で、トマス・ハクスリーがラマルクやキュヴィエより格別に優れていたわけではないが、その遺伝子の繁栄という点では、遺伝的後継者を残さなかった二人に比べて圧倒的に優位に立つ。トマスの子どもたちは、英国の知識人社会において、一大閨閥を築きあげた。

トマスとヘンリエッタの間には五人の娘と三人の息子が生まれた。長男ノエルは四歳になる直前に猩紅熱で亡くなり、夫婦は深い衝撃を受け、ヘンリエッタはダーウィン家に滞在して、エマ夫人から慰めを得た。残りの五人は成人にまで達して、それぞれの足跡を歴史に留めることになる。

長女のジェシー・オリアナは建築家のフレッド・ウォーラーと結婚、その娘のルネ・ヘインズはアイルランドの作家ジェラード・ティッケルと結婚し、その息子のサー・クリスピン・ティッケルは外交官となり、オックスフォード大学グリーン・カレッジ学寮長や王立地理学会の会長を務めた。

次女のマリアンは画家だったが、同じく画家で多くの王侯貴族や著名人の肖像画を描いたことで有名なジョン・コリアと結婚。しかし、ただ一人の子どもを産んだ後、産後鬱病を患い肺炎で亡くなったことから、トマスは再び悲嘆に暮れた。マリアンの死後、コリアはハクスリー家の五女エセルと再婚し、一男一女をもうけた。

次男のレナードは自身が有名な編集者・著述家であったが、それよりも三人の息子ジュリアン、オルダス、アンドリューの父親として有名である。上の二人の息子は最初の妻ジュリア・アーノルド（英文学者トム・アーノルドの娘）との間にできた子で、アンドリューはジュリアの死後に再婚した二人目の妻ロザリンド・ブルースとの間にできた子供である。

長子のジュリアン・ソレル・ハクスリーは、祖父の学統を継ぐ生物学者で、カイツブリの行動研究の他、あらゆる分野で先駆的な研究をおこなった。一九二〇年代には、オックスフォード大学の教師として生態学者のチャールズ・エルトン、発生学者のギャビン・ド・ビアなど多数の優れた生物学者を育てた。皮肉なことに祖父と同じく本当の意味での現代進化論の確立にあたってその一翼を担ったが、自然淘汰説を強力に支持し、進化の総合説化論には疎かったようだ。『ドーキンス自伝』の中では、ピーター・メダワーが「ジュリアンに関して一番の問題は彼が進化を理解していないことだ」と語ったというエピソードが語られている。ジュリアンは熱心な自然保護活動家で、世界野生生物基金の創設に関わり、また、初代ユネスコ事務局長として活躍し、ナイトに叙せられた。

次子のオルダス・レナード・ハクスリーは、優れた文筆家として知られ、『すばらしい新世界』などの小説の他、詩、評論、旅行記、哲学書など、多数の著作を残した。晩年には神秘体験に強い関心を示し、幻覚剤の体験被検者ともなった。死に瀕して、妻のローラにLSDの注射を依頼し、緩和的な意味合いの強い安楽死を遂げた。

三男のアンドリュー・フィールディング・ハクスリーは神経生理学者であり、活動電位のイオンチャネル仮説の提唱によってアラン・ロイド・ホジキンとともに一九六三年度ノーベル生理学医学賞を受賞。一九八〇年～一九八五年までロイヤル・ソサエティの会長を務め、ナイトに叙せられた。彼の妻ジョセリン・リチェンダ・ガンメル・ピーズは、ジョサイア・ウェッジウッド四世の娘であり、一男五女をなす。

三女のレイチェルは土木技師のアルフレッド・エスカリと、四女のネティは歌手のハロルド・ローラーとそれぞれ結婚した。三男のヘンリーはロンドンで開業医となり、三男二女をなし、長男のジャーヴィスは軍人として成功を収める。なお、ハクスリー家の遺伝子を受け継いでいるわけではないが、ジャーヴィスの二人目の妻、エルスペス・ハクスリーはケニヤ生まれで、アガサ・クリスティのライバルとまで言われた女流推理作家である。

このように、社会的な成功を約束されたハクスリー家の遺伝子はいまなお繁栄を続けているのだが、一方で精神の病いという負の遺産も受け継いでいる。トマスの父親は晩年痴呆状態に陥り、精神病院で死んだ。兄のジョージは重い精神病を患い、多額の負債を抱えて死んだし、もうひとりの兄のジェームズもほとんど狂人に近くなる。トマス自身も周期的に鬱病に悩まされ、子孫の多くにも鬱病傾向が見られた。孫のジュリアン・ハクスリーもたびたび鬱病に見舞われたことを自伝に書いている。遺伝子はいいことだけを伝えてくれるわけではないのだ。

ハクスリーは一八九五年六月、七十一歳で永眠し、ロンドン郊外にある一族の墓所に葬られた。

第四章　進化論を誤らせた社会学者―スペンサー

進化論を世界に、それもいわゆる人文系の読者に広める上で、大きな役割を果たしたのがトマス・ハクスリーの盟友、ハーバート・スペンサーである。彼が唱えた社会進化論は、ダーウィンの進化論とは別物であり、あえていうなら社会ラマルク主義とでも呼ぶべきものであった。スペンサーは本来、哲学者、社会学者、教育学者であり、進化論を扱う本書に登場するのは場違いに感じられるかもしれないが、進化論の世間的な受容に関して決定的な役割を果たしたのは彼なのである。なぜなら、「進化」、「適者生存」、「弱肉強食」、「優勝劣敗」といったキーワードの普及は、すべてスペンサーの造語およびその日本語訳に端を発しているからである。ここでは、彼の広汎な活動のうちで、主として進化論に関わる部分を中心に扱うことにしたい。

まずは例のごとく、彼の生い立ちからその思想形成をみていこう。典拠としては、彼自身の自伝の他に、もはや古典と呼ぶべき伝記として参考文献に挙げたデイヴィッド・ダンカンのものがあり、日本語で読めるものとしては中央公論社『世界の名著』に収録された清水幾太郎による解説などがある。

父親と叔父の薫陶

ハーバート・スペンサーは一八二〇年にイングランド中部の工業都市ダービーに生まれた。ダービーは産業革命の中心地であるが、ハーバートが生まれた頃は工学技術が盛んとなり、いくつかの鉄道会社の拠点となっていた。父親（ウィリアム・ジョージ・スペンサー）は、祖父（マシュー）が教えていた地元の学校で学んだ後、そこで教鞭をとり、代数、幾何、天文学、物理学などを教えた。祖父伝来の教育方針は、ヨハン・ペスタロッチ（祖父の顔がペスタロッチにそっくりだったと自伝には書かれている）を範とするものであった。ウィリアムは四十歳近くになって、病気のために学校で教えることを断念し、ノッティンガムで人に先駆けてレース製造業を興し、当初は繁盛した。しかし、すぐに競争相手が乱立したことから事業に失敗し、故郷に戻って教職に復帰した。彼はダービー哲学協会の事務長も務めたが、奇しくもこの協会はチャールズ・ダーウィンの祖父、エラズマス・ダーウィンが一七九〇年代に創設したものだった。

ハーバートの父親は、メソジスト派からクエーカー教に転向した国教反対者、要するに反権威主義者だった。彼は、教会をはじめとするあらゆる権威を否定する極端な科学主義的発想をハーバートに吹き込んだだけでなく、哲学協会で学んだエラズマス・ダーウィンやラマルクなどのダーウィン以前の進化思想も教えた。また、ハーバートは多感な十代に、同居していた叔父（父親の弟）トマスからも大きな影響を受けた。この叔父は、ハーバートに数学、物理学、ラテン語などを教えただけでなく、熱烈な自由放任主義思想をも吹き込んだ。父親と叔父、この二人からの影響が、後のハーバートの思想的骨格をつくりあげたともいえる。

ハーバートは正式な高等・大学教育を受けることなく、父親と叔父による教育、そして父親の務める学校での独学を終えると、一八三七年にロンドン・バーミンガム鉄道の技師となって十年以上この仕事に携わり、いろいろな装置を発明したりした。そのかたわら、反国教会派で急進的な政策を支持する地元の雑誌に精力的に寄稿し、その筆力を認められ、雑誌『エコノミスト』の編集部に入り（一八四八〜一八五三）、そこで著述家としての地位を確立し、一八五一年には最初の著作『社会静学』を世に出した。この本は後に述べるように『社会平権論』という表題で邦訳され、日本の自由民権運動に思想的基盤を与えた。

この本の出版を引き受けたのはジョン・チャップマンであるが、彼はこの年に急進的な哲学雑誌『ウェストミンスター・レヴュー』を買収した。時あたかもロンドン万国博覧会の年で、世の中には社会の進歩への期待が横溢していた。チャップマンの周辺には、この雑誌の副編集長で後にジョージ・エリオットの筆名で作家として大成したメアリー・アン・エヴァンスをはじめ、フランシス・ウィリアム・ニューマン、ジョン・スチュアート・ミル、ウィエイアム・カーペンター、ロバート・チェンバーズ（『創造の自然史の痕跡』の著者）など、多くの進歩主義者たちが集まっていた。

チャップマンは、この雑誌の内容を一新して、彼らのサークルの主張を世に問う場にするつもりだった。創刊に当たり、スペンサーに執筆を依頼したが、それが「動物の繁殖力に関する一般法則から演繹される人口論」という論文で、第二号に掲載されると大きな反響を呼んだ。

スペンサーは、この論文を小冊子にして何人かの著名人に送ったが、そのうちの一人がトマス・ハクスリーだった。論文を読んで感心したハクスリーは、スペンサーのいる『エコノミスト』誌の編集部に電話をし、二人は会って意気投合した。そして、前章で述べたXクラブでの活動にともに加わることになった。

マルサスの『人口論』をめぐって

先のスペンサーの論文は、当時の論壇に大きな一石を投じたマルサスの『人口論（人口の原理）』に対する論評ともいうべきものだった。マルサスは『人口論』で、人口の増加が幾何級数的であるのに対して、生活資源は算術級数的にしか増えないために、人口増加を制限する要因がなければ必然的に人口爆発が起こり、資源の不足、ひいては貧困が生じることを指摘した。これは社会学的にも、経済学的にも重要な発見であり、多くの思想家に甚大な影響を与えた。この本を読んだダーウィンとウォレスが、この指摘が自然界にも当てはまり、養える以上の個体数の増加が生存競争をもたらすことを理解し、自然淘汰という概念の発見が導かれたことは既に述べた。

しかし、マルサスが『人口論』を書いた真の動機は、理想主義的な社会政策、特に救貧法改正に反対することにあった。当時、貧困問題に対する社会的な関心が高まり、急激な社会改革によって貧富の差を解消しようとする社会主義的な気運が醸成されつつあった。それに対してマルサスは、人口の増大と貧困は自然の摂理であるから、人間の力では救済できないし、すべきではないと主張した。戦争、貧困、飢餓は人口抑制のために必要な方策であり、人口の圧力は人間精神を高め、善をもたらすという神の目的に適うものであり、貧困からの脱出への努力によって文明が発達するのであるから、貧民の政治的救済はむしろ神の意に背くものだと主張した。

スペンサーの雑誌論文は、この保守的なマルサスの論理に対して、人口増加に関する原理を追認しつつも、人口増加の圧力がもつ進歩的な側面を強調している。生物が高等になれば、個体維持の能力が向上するので、それほど多くの子を産まなくとも種族維持ができる。人間についていえば、その繁殖能力は過渡期にあり、確かに現状ではその人口増加の圧力は食糧供給の能力を超えているが、人口増加の圧力によって人類は科学技術を発展させ、生産力を向上させるとともに、個体維持の能力も高まるので、繁殖力も低下していくだろうと予想する。彼はこの論文の最後をこう結んでいる。

かくして、最も偉大で複雑な結果を実現させる手段がいかに単純であるかを我々は理解した。現在到達した視点からすれば、個体維持と繁殖の必然的な対立が、モナスから人類までの種族維持の先験的な法則を厳密に満足させるだけでなく、この維持の最高の形――生命の量が可能な限り最大となり、出生と死が可能な限り最小になるような形――の最終的な達成を保証することが明白になる。事物の本性において、この対立は、必ず我々が見ているような結果をもたらすのである。最初にあった過剰な繁殖力が徐々に低下し、最終的な消失に至るのは、文明化の過程を通じてのみである。そして同時に、過剰な繁殖力それ自体が不可避的に文明化を招く。そもそも、人口の圧力は進歩の直接的な原因となる。それは元々の種族を拡散させ、それは人間に捕食者的な習性を捨て農業をおこなうように強い、それは地表の開拓を導き、それは人間に社会的な状態をとるように強い、社会的組織を不可避なものにした。そして、社会的な感情を発展させ、それは生産性の漸進的な改良に向けて刺激を与え、技能と知能を向上させせた。それは日々、我々に、より緊密な接触をとり、互いにより依存し合う関係を築くように圧力をかけた。そして、それが実現した後には、究極的にはそうなるに違いないのだが、地球上が人間で満ちあふれ、地球上の居住可能なあらゆる部分を最高の文化的な段階にいたらしめる——人間の欲求を満足させるための諸過程すべてを最高の完成度で実現した後には——、同時に、その仕事のために完全にふさわしい知力と社会生活に完璧に適合した感情を発達させた後には、これらすべてのことがなされた後には、人口の圧力が、その仕事を次第に終えていくにつれて、徐々に終焉を迎えるに違いないことを、我々は理解するのである。

「進化」という用語

進化を表す「evolution」という言葉をつくったのは、スペンサーだというのが定説だが、単純にそうとは言い切れない。なぜなら、この言葉は古くからあったからである。元々動詞の evolve は巻物を開くという意味であり、そこから生物学においては個体発生の原理をめぐる古典的な論争、前成説と後成説の論争において、前成説、すなわち胚発生の過程はあらかじめ決定されていると考える立場の用語として、卵子(あるいは精子)の中に埋め込まれた運命が次第に展開していくという意味で使われるようになった。一九世紀の中頃になると、この個体発生の過程を表す evolution が系統発生、すなわち進化を表す用語としも使われるようになったらしい。たとえば、『オックスフォード大英語辞典』

は、そうした用法の初出としてチャールズ・ライエルの『地質学原理』一八三二年を引用している。そこには「最初に海にすんでいた有殻アメーバ類のあるものが漸進的な進化(evolution)によって、ついには陸上に住むように改良された」(第二版、vol.2、p.11)と書かれている。これは『種の起原』刊行以前のことだから、ダーウィン的な意味での進化ではなく、漠然とした種の変化、すなわち転成を指していたのだろう。

とはいえ、意識的に「進化」を指す意味でevolutionという言葉を使って普及させたのがスペンサーであったことは確かである。彼は一八五二年に「発展仮説(Development Hypothesis)」において、初めてtheory of evolutionという表現を用いた。しかし、これはダーウィンの進化論とは似て非なるものだった。スペンサーの進化は、ラマルク流の種の転成の法則を言い換えただけのもので、時間につれて種が発展的に変化していく傾向を言っているに過ぎなかった。

スペンサーの進化観は、一八五七年に発表された「進歩について――その法則と原因」という論文の中で明確に述べられている。彼にとって、進歩とは宇宙から始まり、地球、生命、人間社会、言語や科学芸術に至るまで、あらゆる現象に適用される一元的な法則であり、万物は単純から複雑に、同質的なものから異質的なものに向かうというものであった。それは「あらゆる能動的な力は二つ以上の変化を生じ、あらゆる原因は二つ以上の結果を生じる」からであると論じる。この論文における彼の「進歩(progress)」のモデルは、ドイツ形態学におけるヴォルフ、ゲーテ、フォン・ベアの個体発生過程であり、それをevolutionと呼ぶのが、その当時の一般的な用法であった。したがって、スペンサーが進化を表すのにevolutionという既存の用語を使ったのは自然なことであった

既に多くの人が指摘し、私も何度が書いたことだが、ダーウィンは『種の起原』(初版)の中でevolutionという言葉を一度も使っていない。進化を表すのに、彼は「変化を伴う由来(descent with modification)」という言葉を使い、進化論のことを「theory of descent with modification」と表現している。一箇所だけ、「transmutation」が使われているが、これはそれ以前のノートブック類で使っていたものである。この時代に進化を表す一般的な用語としては、この「transmutation」の他にラマルク的な「transformation」があり、どちらも種の形態変化を指し、ニュアンスの違いはあるが厳密に区別はされず、日本語訳ではどちらも転成(または変遷)と訳される。

ダーウィンが転成から、「変化を伴う由来」に転向したのは、正確にいつのことであるかは特定できていないが、少なくともマルサスの『人口論』を読んだ一八三八年末より後であるのは間違いない。ダーウィンはマルサスを読んで生存競争、自然淘汰の概念にたどり着き、生物進化のメカニズムを理解し、すべての種が系統進化的な類縁関係にあることに気付いたのである。だからこそ、単なる種の形態的変化を意味する「transmutation」(転成)ではなく、「変化を伴う由来」でなくてはならなかった。当然のことながら、進化

が進歩であることを前提としたスペンサーの「evolution」を気に入るはずがない。ダーウィンの『種の起原』の初版は一八五九年だから、スペンサーが七年前にevolutionを使っていることは知っていたはずだが、ダーウィンは決してこの語を使わなかった。

ようやく、一八七三年刊行の第六版に、第七章として挿入された「自然淘汰説に向けられた種々の異論」において、「現在ではほとんどすべての博物学者が、進化（evolution）を、何らかの形で承認している」（第六版、p.201）と述べている。そして第十四章（第六版では第十五章）に追加された一節では、「……私は以前に非常にたくさんの博物学者と進化の問題について話をしたことがあったが、共感をもって賛成してもらったことは一度もなかった。そのうちの何人かは進化を信じていたのかもしれないが、何も発言しないか、あまりにも曖昧な表現なので意味がよく理解できないかのいずれかであった。しかし今では事態はすっかり変わり、ほとんどすべての博物学者が進化の大原則を認めている」（第六版、p.424）とも書いている。

ここで使われている「evolution」も、厳密にダーウィン的な意味の進化ではないが、ようやく世間で、種は個別創造されたのではなく進化したという認識が広まり、「evolution」という言葉が、さほどの抵抗なく通用するという確信を得たのであろう。この頃から、ダーウィンは「evolution」という言葉を本格的に使い始める。一八六八年に刊行された『家畜・栽培植物の変異』では「変化を伴う由来」が四箇所、「evolution」は一箇所であるのに対して、一八七一年に刊行された『人間の由来』では、「変化を伴う由来」がまったくなく、すべて（三十二箇所）evolutionになっている。何といっても「変化を伴う由来」では、言葉としてインパクトに乏しい。進化論の一般的な普及という観点からすれば、「evolution」の発明は革命的であった。

なお、日本語訳の「進化」の初出は、一八七八年に哲学者井上哲次郎が使ったものであるようだが、この訳語に含まれる進歩主義的なニュアンスは、後で述べるように日本では進化論よりも先に、スペンサーの社会進化論が紹介されたという事情と関係している。

自然淘汰と最適者生存

自然淘汰（natural selection）は、ダーウィン進化論の根幹をなす概念で、これによって、それまで単なる仮説でしかなかった進化が初めて科学的な議論の対象になった。哲学者ダニエル・デネットによれば、自然淘汰は進化の謎を解く万能酸なのである。にもかかわらず、『種の起原』が発表された当時、その真の意義はほとんど理解されなかった。その理由として、メンデル遺伝学がまだ再発見されていなかったという事情があったことは否定できない。しかしもう一つ、「natural selection」という用語が、当時の英国人にとっても非常に誤解されやすいものだったことも強調しておかなければならない。

「natural selection」は「artificial selection」の対になるもので、この「natural」は

「artificial（人為）」に対する反語であり、人手を介さないこと、つまり道教の「無為自然」の自然に近い意味をもつ（一八四二年の『エッセー』で natural means of selection という使い方をしていることからも、その意図は明らかである）。一方で、この「natural」には主体としての自然という含みもある。すなわち、多様な生物をつくりだすのは神ではなく自然であるということの表明であった。しかし、自然が育種家に代わって育種するのであれば、自然が何らかの基準にしたがって選別することになり、それは結局のところ神の腕の延長に過ぎないという批判が成り立つ。このような批判を封じるために、スペンサーは、『生物学原理・第一巻』（1864、p.444）において、ダーウィンが自然淘汰と呼んだものを表すのに「最適者生存（survival of the fittest）」という言葉をつくった。「適者生存」と訳されることが多いが、英語は明らかに「fit」の最上級である。最強者だけが生き残るというのは、厳密に言えば自然淘汰とはかなり異なる概念であり、そのため進化論に対する世間の誤解を産む原因となった。

スペンサーに心酔していたアルフレッド・ラッセル・ウォレス（彼自身は自然淘汰の語を用いることがなかった）がこれに飛びつき、ダーウィンにこの語の採用を薦める手紙を書いた。ダーウィンはこれに対して、一八六六年七月五日付けの返事で、自然淘汰には、自然を擬人化しているという誤解を生む余地があることを認め、スペンサーの最適者生存が、そういう批判をかわすための非常に良い表現であるとウォレスに賛成した。そして、最適者生存が「select」のように動詞として使えない欠点があり、自然淘汰という表現の利点は人為淘汰との連想を強調するところにあるのだと抵抗を示しつつも、採用を約束する。そして次作の『家畜・栽培植物の変異』（一八六八）において初めてこの語を用い、次のように述べた。「生きるための戦いを通じて、形態、構造、あるいは本能において何らかの優位性をもつ変種が保存されることを私は自然淘汰と呼んできたが、同じ概念をハーバート・スペンサーは最適者生存とうまく表現した」。さらに、『種の起原』の第五版で、第四章のタイトル「自然淘汰」の後ろに、「すなわち最適者生存」を付け加えた。しかし、ダーウィン自身は、その後の版でも「自然淘汰」を使い続けたのであり、最終的に、生物学者の間では自然淘汰が定着した。その反面、「適者生存」は人文社会科学では広く認知され、進化の原動力であるかのごとく受け取られてきた。

『種の起原』の第三版、第四章冒頭近くの「自然淘汰」の定義の後に、「何人かの論者が、自然淘汰という用語を誤って理解したり異議を唱えたりしてきた。自然淘汰が変異を誘発すると想像する人さえいた。しかしそれは、その生活条件の下で有利となるような変異が生じた時に保存されるということを意味するに過ぎない」と付け加えている。

このわかりにくさというか、誤解されやすさは、英語から他言語に翻訳される時にも問題になった。『種の起原』のヨーロッパ語訳（主としてフランス語訳とドイツ語訳）において「natural selection」がどう訳されたか歴史的な経過をたどりつつ検討したチェリー・

ホケ（Thierry Hoquet）の「Translating natural selection: true concept, but false term?（Bionomina, 3: 1?23、2011）」という論文がある（この問題を研究されている木島泰三氏からの教示による）。この論考からいろいろ面白いことがわかるのだが、筆者にとって非常に興味深かったのは、フランスにもドイツにも英国的な育種の伝統がなく、「selection」にぴったり対応する言葉が見つからないために翻訳者が悪戦苦闘したことである（現在では英語を直訳した「sélection」、「Selection」が、それぞれフランス語、ドイツ語として通用するようになっている）。

ドイツ語訳では、「Wahl der Lebensweise（生活様式の選択）」、「Züchtung（育種）」、「Auslese（選抜）」、「Zuchtwahl（選抜育種）」、「Auswahl（選別）」などの訳語が複数の翻訳者によって順次あてられた。ただし、一つ目、二つ目、および五つ目は、同じ翻訳者ハインリッヒ・ゲオルク・ブロン（ハイデルベルク大学の博物学教授、古生物学者）のもので、ブロンはダーウィンと手紙のやり取りをしながら、訳語に苦心している。ダーウィンはブロンへの手紙のなかで、「natural selection」という用語を使う理由の一つとして、それが飼育生物と野生生物の双方における変異のつながりをただちに連想させることを挙げ、ブロンに「ドイツの動物育種家が使っている類似の言葉を使うべきだ」と述べている。また、この「selection」は、普通の英語の使い方ではなく、育種にあたって掛け合わせるべき適切な雄と雌を選別することを指すものであり、ほとんど「育種」に近い意味だとも説明している。このことは、「selection」だから、単純に「選択」と訳せばいいという俗説を退ける根拠となる。

「natural selection」の日本語訳については、自然選択ではなく自然淘汰と訳すべきだということを、私は機会がある度に主張してきた。その最大の根拠は、本来「淘汰」とは篩分けを意味し、「有利な変異が保存され、不利な変異が捨て去られる」というダーウィンの定義にぴったり合うことにある（近年、「淘汰」が不利なものを切り捨てるという意味でのみ使われるのは社会ダーウィニズムの影響ではないかと、木島泰三はその論考で示唆している）。何よりも、「淘汰」は選別する主体を想定する必要がないので、上記のような批判を免れるという点でも優れた訳語なのである。

社会進化論

ハーバート・スペンサーの名を聞いて、誰もが思い浮かべるのは社会進化論である。アカデミズム内部での評価はともかくとして、大衆に対する影響力という点では、スペンサーは一九世紀後半の論壇における巨人であり、彼の著作は総計で一〇〇万部以上の売り上げを誇った。彼は哲学者、社会学者でありながら、生物学、天文物理、地学など、まさに博物学的な知識をもち、それを巧みな語り口でわかりやすく説明し、キャッチーな造語（「進化」や、「最適者生存」）を造る才に恵まれていた。そして何よりも、一九世紀英国の時代精神に寄り添っていたがゆえに、大衆からの圧倒的な支持を受けた。しかし、こと生物進化論に関していえば、彼が普及させた社会進化論は大きな禍根を残すことになり、彼がまき散らした誤解の残滓はいまだに消えていない。

社会進化論そのものは、有機体としての人間社会が生物進化と類似の過程で進化していくということを述べる曖昧な概念であり、その主張者によって細部は異なる。著名な社会進化論者としては、スペンサーの他に、オーギュスト・コント、前章で述べたトマス・ハクスリー、次章の主人公であるエルンスト・ヘッケルなどがいて、それぞれに考え方の違いがあるが、社会的にはスペンサーの言説が最も広汎な影響を及ぼした。

それでは、スペンサーの社会進化論とはいかなるものであったのか。

先に述べたように、彼にとって、進化とは宇宙の森羅万象に通じる普遍的な法則であり、人間社会もまた同様で、その必然的な進歩の法則に則って発展するというものだった。彼の社会進化論はダーウィンの進化論を人間社会に適用したものであるとして、社会ダーウィニズムと呼ばれることもある（この呼び方は、米国の政治史家リチャード・ホフスタッターが一九四四年に『米国思想における社会ダーウィニズム』という本で、左派的な立場から社会進化論を批判するのに使ったことに始まる）。しかし、それは間違った認識である。先に挙げた論文「進歩について」はダーウィンの『種の起原』に先行するものであり、ダーウィンが直接の契機になったわけではない。むしろ、彼の生物進化観はラマルク的なものだった。地形や気候の変化などに対する適応として、社会組織が変わり、生産性の向上に対する必要性から必然的に農耕や産業化が起こり、それがまた必然的に社会や経済の革新・発展をもたらす。そして、それは自然の過程であり、生存競争による最適者生存が適切な生き方をするものを残し、複雑さと多様性を極めた理想的社会に向かって人類は進化していくはずだ。これが、スペンサーの主張である。

スペンサーは叔父譲りの筋金入りの自由放任主義者として、人間が干渉せずに自然に任せることを推奨するのだが、意思をもたない自然が正しい方向に向かう保証はない。スペンサーは、外的条件の変化が必然的に正しい生き方を選択させるはずで、それができないものは生存競争における「最適者生存」の法則によって生き残れないという。ここでいうところの「最適者生存」とは、要するに正しい道を逸脱したものを排除するメカニズムと考えられている。スペンサー自身は先駆的なフェミニストで、帝国主義に批判的であり、優生論者ではなかったが、このような「最適者生存」の役割は「不適者の排除」と読み替えられて、ゴルトンやヘッケルの優生学への道ならしをすることになった。ダーウィンにおける「自然淘汰」が、個体の変異を集団（種）の変異にするためのメカニズムであったことを考えると、この二つの言葉がもつ意味の違いは大きい。

スペンサーの進化論がラマルク的であったというのは、進化の源泉としての変異についての考え方についても言える。ダーウィンは、自然に生じる個体変異（現代的な言葉に言い換えれば突然変異と遺伝的組み換え）の中で環境に適したものが自然淘汰によって次第に数を増やしていくことによって、漸進的な種の進化が起こると考えた。それに対してスペンサーは、環境の変化に個々人が適応すべく努力することによって変異が生じ、それが獲得形質の遺伝を通じて次世代に伝えられていって進化が起きると考えていた（彼が獲得形質の遺伝をその社会進化論の大前提にしていたことは、一八九三から九五年に『現代評論（ザ・コンテンポラリー・レヴュー）』誌でおこなったアウグスト・ヴァイスマンとの論争で明らかである）。彼の主張はラマルク主義そのものではないか。

社会進化論が孕む大きな問題は、淘汰のメカニズムが明らかでないために、恣意的な解釈が成り立つところにある。生物の進化論においても、淘汰の単位が種であるか個体であるかという論争がある（現代生物学では究極的な淘汰の単位は遺伝子とされる）が、とりわけ社会進化論においては、淘汰が個人レベルか、国家レベルか、民族や人種レベルのいずれに働くと見るかによって、その世界観は大きく異なり、体制の側からも、反体制の側からも、自分たちの主張の根拠として持ち上げられた。そうした評価の違いを日本での例で取り上げてみよう。

日本への影響

スペンサーの著作は、欧米よりやや遅れて進歩発展の時代に突入しつつあった明治中期の日本の知識人から強い関心をもって受け入れられ、一種のスペンサー・ブームという事態を招いた。日本では、明治十年（一八七七年）から十年ほどの間に三十冊以上もスペンサーの訳本が出版されていて、そのうち二十冊は社会進化論に関係したものだった。その中には、同じ原著からの抄訳で別のタイトルが着いているものもある。たとえば『社会静学』は、一八七七年に尾崎行雄の抄訳で『権理提綱（天・地）』として出版された（一八八二年に『改訂権理提綱（全）』として再版される）後、一八八一年には松島剛訳が米国版からの翻訳を『社会平権論』として出版し、さらに城泉太郎訳も準備されていたという。いずれにせよ、スペンサーの著作の主要なものはほとんど翻訳されていたし、スペンサーを拠り所にして、日本人によって書かれた著作も多数出版された。社会進化論の影響は、北一輝、中江兆民、幸徳秋水のような政治思想家から、坪内逍遙、石川啄木、芥川龍之介のような文学者まで広汎かつ深いものだったが、そのことについてはここでは詳述しない。

これに対して、この期間に生物進化論に関係したものとしては、ハクスリーの進化論についての講義録を伊澤修二が抄訳した『生種原始論第一編』（一八七九年、後一八八九年にモースの序文をつけた完訳版が一八八九年に『進化原論』として出版された）、ダーウィンの『人間の由来』を神津専三郎が訳した『人祖論』（一八八一年）、モースの講演を石川千代松が筆記した『動物進化論』（一八八三年）、そして立花銑三郎が『種の起原』を訳した『生物始源論――一名種源論』（一八九六年）くらいしかない。

翻訳年、出版の量のいずれをとっても、日本にはまず社会進化論が導入され、しかる後に生物進化論が紹介されたことは明らかで、「進化論」はまずは社会進化論として受容されたのである。また、当時の用法では、「ダーウィニズム」についても同じことだった。「evolition の訳語に「進歩」のニュアンスを強く想起させる「進化」が採用されたのも、こうした背景によって説明される。実際、石川訳のモース講義録も、最初は『動物変遷論』と題されていたが、出版にあたって『動物進化論』と変えられている。

進化論が当初、世間からスペンサー流の社会進化論と混同されたのは、日本だけの特殊事情ではない。発祥の地、英国においてもそうだったし、フランスでも『種の起原』がラマルク流の進化論として翻訳されて物議を醸したし、ドイツにおける進化論普及の旗頭であった次章の主人公であるエルンスト・ヘッケルにしてもそうであり、スペンサーが圧倒的な人気を博した米国においても事情は同じだった。生物学の分野では、この混乱は二〇世紀中期の総合説の確立によって解決されるが、現在でもこのような誤解は完全には払拭されていない。

ところで、日本における社会進化論受容の特殊性は、それが明治における自由民権運動と、国家主義台頭の時期と一致したことにある。筆者は歴史家ではないので、自由民権運動の歴史的な総括をする能力も意欲もないが、スペンサーの訳本『社会平権論』がこれらの運動に大きな役割を果たしたことは確かなようである。板垣退助は、これを「民権の教科書」と呼び、運動家の間では爆発的な売れ行きを示して、翻訳者の松島は当初予定の一〇〇倍の稿料を得たという。

社会進化の究極的な到達点としての近代的な資本主義社会では、社会は個人のために存在し、個人の平等な競争的自由が許されるというスペンサーの主張は、天賦人権論と必ずしも一致しないのだが、平等な権利、すなわち「平権」という二文字が民権論者に強くアピールしたと考えられる。彼らの立場を生物学的に読み替えると、種内競争における個体間の平等な競争の要求と解することができる。

これに対して、社会進化を、種間競争、すなわち民族や国家間の競争とみなす人々は、国家主義、富国強兵制支持という立場をとった。その代表的人物が、東京大学初代総長、元老院議員、帝国学士院院長などの要職に就いて、明治期の国家主義の旗振り役を担った加藤弘之だった。加藤は当初、民権論者であったが、社会進化論を知る（次章のヘッケルを介して）に及んで国家主義者に転向し、一八八四年に立憲政治を讃美する自著『真政大意』と『国体新論』を絶版にし、一八八二年に『人権新説』を著した。この本で、彼は「吾人々類体質心性ニ於テ各優劣ノ等差アルコト果テ疑フヘカラス」「優者カ常ニ捷ヲ獲テ劣者ヲ圧倒スルコト即自然淘汰ノ作用生スルハ是レ亦決シテ免レサル所ニシテ是即所謂優勝劣敗ナリ」と述べて、天賦人権論を批判した。

この優勝劣敗は最適者生存のことであるが、加藤はまた生存競争に「弱肉強食」という訳語を当て、進化論の社会進化論的な解釈を全面的に押し出し、明治政府の国家主義を擁護する論拠とした。当然、こうした見解は民権派から強い批判を受けたが、この訳語に対する生物学者からの正面からの批判はあまり記録に残っていない。ただ、日本最初の本格的な国語辞典『言海』の編纂者である大槻文彦（加藤弘之とともに学術啓蒙団体「明六社」の同人だった）は、その増補改訂版である『大言海』に「優勝劣敗」の語を収録し、「英語 survival of the fittest ノ訳語。四囲ノ境遇ニ適セル者生存する意ナルヲ、誤用スルナリ」と解説して、明確に誤りを指摘している。しかしながら、これ以後、優勝劣敗と弱肉強食は、進化論の代表的なキャッチフレーズとして流布され定着し、長らく進化論の正しい理解を阻む障害となっていくのである。

晩年の孤独

スペンサーの生涯はヴィクトリア朝時代とほぼ重なり、その晩年は大英帝国がその頂点からの下降期にさしかかる時期であった。競争相手としてのドイツ、米国が台頭し、国内外に多くの問題が生じるとともに、スペンサーの楽天的な進歩発展への信念は揺らぐ。そして、友人たちが死んでいくにつれて、その声望も衰えていく。彼はその時代における婚姻制度を、社会的契約による女性の男性への隷属とみなしており、それが理由かどうかは不明だが、ジョージ・エリオットとのロマンスの他いくつかの恋愛は伝えられているものの、一生涯結婚をしなかった。したがって、晩年はまさしく孤独で、心気症に悩まされ、絶えず痛みと苦しみに苛まれた。

処女作の『社会静学』では、人間の基本的人権を強く主張し、女性や子供に男性と平等の権利を要求していたのに、晩年には婦人参政権に明確に反対するようなるといった変化はみられるが、彼の思想全体が単純に保守化したとはいえない。彼の社会進化論と自由放任主義という骨格は変わらず、帝国主義、軍国主義には反対し続け、ボーア戦争を激しく批判した。

一八八四年に出版された『国家対個人』で、彼は奴隷制と封建制から世界を解放した自由主義（リベラリズム）が、いまや変質して新たな独裁体制を生みだそうとしていると警告する。これはおそらく、改革者として貴族体制を打倒してできたはずの社会で、議会制という新たな体制が個人の自由を抑圧しているという、ある種の挫折感を表しているのだろう。

日本では特に、自由民権運動の教科書の筆者として讃美されていたから、森有礼や金子堅太郎といった明治政府の要人が滞英中にスペンサーに意見を求めた時、あまり改革を急がないようにという保守的な意見を述べたことが、彼の保守化を印象づけることになったらしい。しかし、若い時から彼は進歩的改革者ではあったが、革命家ではなかった。それは彼の進化観と関連がある。既に述べたように、彼はラマルク的な進化論者であり、獲得形質の遺伝を認めていた。進化論の枠組みでは、これは漸進的な進化とセットにならざるを得ない。急進的な改革を志向したハクスリーが、跳躍進化論者であったのと対称的である。

晩年には口述筆記が多くなるが、スペンサーは終生アカデミズムに身を投じることはなく、文筆家であり続けた。死の迫った一九〇二年にノーベル文学賞の候補となるも、その翌年、八十三年の生涯を終え、その遺灰はロンドンのハイゲート墓地の東側、カール・マルクスの墓と対面する場所に埋葬された。不思議な運命のめぐり合わせで、かつての恋人であったジョージ・エリオットの墓もすぐ近くにある。

第五章　優生学への道を切り拓いた発生学者――ヘッケル

舞台は英国から、再びヨーロッパ大陸に移る。一八世紀末から一九世紀中頃にかけて起きたヨーロッパの諸革命（イギリス産業革命やフランス革命だけでなく、それ以前の科学革命や宗教革命の余波も含めて）による影響は、ドイツ語圏にも波及した。ドイツ、オーストリアを蹂躙したナポレオン・ボナパルトが敗退した後、ドイツにも近代化の波が押し寄せる。一八一五年にオーストリア帝国宰相クレメンス・メッテルニヒが主導するウィーン体制の下で、オーストリア帝国、プロイセン王国、ザクセン王国など三十九の領国がドイツ連邦を形成する。やがて、産業革命による地域内の発展はブルジョワ層の台頭を促した。そして、一八四八年の三月革命によってウィーン体制は崩壊し、一八七一年にドイツ帝国が誕生する。ドイツ帝国では宰相オットー・フォン・ビスマルクの外交的努力で比較的安定した政治が続いた。しかし、皇帝ヴィルヘルム一世の後継者ヴィルヘルム二世によってビスマルクが更迭されると、強硬な対外政策がとられ植民地主義に傾斜していき、

第一次世界大戦へと突入することになる。

ドイツの偉大な博物学者エルンスト・ヘッケルが生きたのはこうした時代であった。ヘッケルは、ヨーロッパにダーウィン進化論を普及させた最大の功労者だが、その進化観はかなりの程度までラマルク的、かつスペンサー的だった。また、彼は単系統的な進化を信じていたために人種について誤った見方をもち、人種の優劣を論じてドイツにおける優生学思想の普及に大きな役割を果たした。

ヘッケルは、発生学の「個体発生は系統発生を繰り返す」という反復説や、心理学や生態学という学問の創設者としても知られるが、今日では美しい生物細密画集『生物の驚異的な形』の作者としての評価が高い。日本では、スペンサーとともに進化論の紹介者として人気を博したために、『自然創造史』、『宇宙の謎』、『生命の不可思議』など、いくつかの著作が明治から大正にかけて翻訳された。

さて、本章でも彼の誕生から話を進めるが、つい最近（二〇一五年）、佐藤恵子による重厚かつ詳細な日本語の伝記『ヘッケルと進化の夢』が出版され、英文でも二一世紀に入ってマリオ・ディ・グレゴリオ、ロバート・リチャーズによる二冊の本格的な伝記が出ているので、ドイツ語文献によらなくとも、その生涯をたどる資料にはこと欠かない。

植物学者を夢見た青年時代

エルンスト・ハインリッヒ・フィリップ・アウグスト・ヘッケルは、一八三四年二月、プロイセン王国のポツダム（現在はドイツ連邦共和国ブランデンブルク州の州都）に生まれた。第二次世界大戦における日本の降伏を勧告したポツダム宣言によって、日本人にはなじみ深い地名である。

エルンストの父親カールはポツダムの参事官を務めた法律家で、母親シャルロッテも枢密顧問官を務めた著名な法律家の娘だった。ヘッケル家の信仰は、父親の友人であったフリードリヒ・シュライアマハーの影響を受けて自由主義神学派の寛容なプロテスタントだった。エルンストも青年期まではこの信仰を保っていた。ヘッケルが生まれた翌年、一家はザクセン州の首都メルゼブルク（現在はドイツのザクセンアンハルト州に属す）へ転居した。この地で父親は学校・聖職者関係の業務を担当する上級参事官に任じられたのである。

エルンストの両親は、彼の思想形成に大きな役割を果たした。父親がゲーテを崇拝していたので、エルンストも幼い頃からゲーテに共感を抱き、ゲーテ研究の専門家であったギムナジウム（ドイツにおける中高一貫教育機関）の校長から手ほどきを受けたこともあって、ゲーテの一元論的な世界観にのめり込んでいく。母親は、エルンストを野外に連れ出し、自然の楽しさ美しさを知らしめ、息子の博物学への興味を育んだ。また、両親は早くから読み書きを教え、厳選した書物を与えた。

彼の回想によれば、少年時代に読んだ本として最も影響を受けたのは、アレクサンダー・フォン・フンボルトの『自然の景観』（邦訳題『自然の諸相――熱帯自然の絵画的記述』）、マティアス・シュライデンの『植物とその生活』、チャールズ・ダーウィンの『ビーグル号航海記』の三冊だったという。

フンボルトは、世界各地に探検旅行をし、その中南米旅行記『新大陸赤道地方紀行』（原著はフランス語）の英訳本は、ダーウィンやウォレスをはじめとした当時の英国の博物学志向の若者たちに競って読まれた。ヘッケルが挙げているフンボルトのこの本は、講演録など数編の啓蒙的な科学エッセイからなり、世界各地の動植物の地理的分布が環境条件との相互作用によって生じることなどを中南米における調査に基づいて論じているが、ゲーテの植物変態論の影響を強く受けていた。シュライデンは植物学者であり、細胞説の提唱者の一人として知られる。この本には、顕微鏡を用いた物理化学的な植物研究の方法が書かれていて、感銘を受けたヘッケルは、ギムナジウムを卒業したらシュライデンが教えていたイェーナ大学（一八三九年に助教授、一八五〇年から一八六二年まで教授）に進学しようと考えた。そしてダーウィンの有名な航海記は何度も読み返すほど熱中し、熱帯探検への熱い想いを昂ぶらせたという。

動物学者への道

ヘッケルは、一八五二年にギムナジウムを卒業して、シュライデンのいるイェーナ大学に行くつもりだったが、不運にも植物採集旅行で膝を痛めてしまう。そのため、その当時両親が暮らしていたベルリンの家で養生することを余儀なくされ、結局ベルリン大学に入学することになった。しかし彼の植物学への情熱は衰えず、この大学で教鞭を執っていた父親の友人、植物学者アレクサンダー・ブラウンの講義を熱心に聴講した。だが、彼は次第にその内容にあきたらなくなった。この頃のドイツの大学は学期によって大学を移動することが認められていたため、冬学期には父親の願望を容れてヴュルツブルク大学（正式名称はユリウス・マクシミリアン大学ヴュルツブルク）で医学を学ぶことにした。ヴュルツブルク大学は一四〇二年に創設されたドイツでも最も古くて権威のある大学の一つで、特に医学部は錚々たる教授陣を揃えていて、医学生の聖地とされていた。中でも病理解剖学のルドルフ・フィルヒョウ（一八二一〜一九〇二）と組織学のアルベルト・フォン・ケリカーは、ヘッケルの人生と深く関わることになる。

フィルヒョウは細胞説を発展させ「すべての細胞は細胞から生じる」という標語によって、細胞が分裂によって増えることを明らかにしたことで知られる。ヘッケルは、フィルヒョウに才能を認められ助手に任命されるが、人間的にそりがあわない（別項で述べるように、後に二人は大論争をすることになる）ことと、自分が医者に向いていないという自覚から、ケリカーに薦められた顕微鏡を用いた組織学や細胞学の研究に没頭するようになる。また、学期の移動でベルリン大学へ戻った時に、生理学者ヨハネス・ミュラーに師事し海生無脊椎動物の研究を始め、その美しく豊穣な世界に魅了される。それが動物学者ヘッケルの出発点となった。後に、ケリカーの指導によるヨーロッパザリガニの組織学的研究で医学博士号を得た。

ヘッケルの心づもりでは、ミュラーの下で研究を続け、やがてはベルリン大学の教授となる計画だったが、そのミュラーが一八五八年に早逝してしまった。失意のヘッケルを支えたのは、母方の従妹で後に彼の妻となるアンナ・ゼーテだった。彼は、アンナの励ましを支えに教授資格を得るための海生無脊椎動物の研究に没頭する。ヘッケルは、一八五九年にイタリアのナポリに赴くが、最初は適切な材料が見つからず落ち込む。その時期にこの地で、終生の友となる詩人で画家のヘルマン・アルマースに出会い、画家としての自らの才能を覚醒させられ精神的な慰めを得る。

ヘッケルは、最終的にミュラーが手がけていたシチリア半島メッシーナ産の放散虫類に対象を絞ることになる。そして、メッシーナの海はヘッケルによると「動物学のエルドラド(黄金郷)」であり、多数の標本を得ることができた。放散虫類は、ガラス質の骨格を有す微小な単細胞生物であるが、この小さな生物の顕微鏡下での美しさはヘッケルを魅了し、多くの図版を残すことになる。彼自らの手になる図版は参考文献にあげた『生物の驚異的な形』に見ることができる。彼は、放散虫類の形態・分類を研究し、一二〇種ほどの新種を報告した。研究の成果は、一八六二年のモノグラフおよび一八八七年の報告書として発表されたが、その一部が教授資格論文として認められ、一八六一年にイェーナ大学医学部の講師として就職することができた。そして翌年には動物学担当の員外教授、そして一八六五年には生物学の正教授となり、動物学者としての道を歩みはじめる。

ヘッケルは一八六二年にベルリンでアンナと結婚するが、アンナは一八六四年に重い胸膜炎を患った後、腹痛（虫垂炎だった可能性が高いが流産だったという風説もある）で急死する。この悲報にうちひしがれたヘッケルは、八日間床に伏したと伝えられる。この三十歳の時の悲劇的な出来事が契機となって彼は信仰を捨てて一元論に向かい、悲しみを忘れるために研究にいっそう専念することになる。

ダーウィンとの出会い

イタリアから帰ったヘッケルは、放散虫類の論文をまとめる際にダーウィンの『種の起原』を初めて読み衝撃を受ける。彼が読んだのは前章で触れたブロンによるドイツ語訳で、英語版が出版された翌年に出たものだった。当時のヘッケルは、形態の類似を調べて記載・命名するというリンネ式の伝統的な分類学に不満をもち、より論理的な分類法を模索していた。そして、すべての生物が進化的な類縁関係によって結ばれる可能性を示唆したダーウィンの進化論は、まさに彼が求めているものだった。ヘッケルは、一八六三年にプロシアのシュテッテンという町でおこなわれた第三十八回ドイツ自然科学者医学者会議において、初めて公然とダーウィン進化論を擁護したが、そこではダーウィン進化論を賞揚しながらも、進化論という考え方自体は目新しいものではなく、ラマルク、ジョフロア・サン・ティレール、ローレンツ・オーケン、ゲーテなどの先駆者がいたと述べた。このことからも、ヘッケルの進化観が多分にラマルク的であったことがうかがえる。ヘッケルが評価したのは、主として系統的進化という考え方だった。

一八六四年にヘッケルは、放散虫類のモノグラフをダーウィンに送った。ダーウィンはそこに付された放散虫類の銅版画の美しさと、類縁関係の確立にダーウィン説を使ったという手紙の言葉に感銘を受け、ただちに返事を書き、「私がこれまで目にした中で最も偉大な業績です。著者から献呈いただいたことを誇りに思います」と称賛した。数日後、ヘッケルは前年の自然科学者医学者会議における彼の講演を報じる新聞の切り抜きを同封して、ドイツにおいて進化論普及のために奮戦していることを伝えた。それに応えてダーウィンは、二通目の手紙で、「これほど傑出した博物学者に私の学説を裏付け、敷衍していただいたことを嬉しく思います。あなたが自然淘汰を明確に理解された数少ない学者の一人であることがはっきりわかりました」と書いた。以来、二人は文通を交わし、一八六六年には『生物の一般形態学』の初校がダーウィンに届けられた。

ヘッケルは、一八六六年の十月、アフリカ西海岸とカナリア諸島への探検旅行を終えてロンドンに到着した。そして、そこでライエルとハクスリーに会った後、汽車に乗ってダーウィンの住むダウンに向かった。この出会いのことをヘッケルは鮮明に記憶していて、弟子のヴィルヘルム・ベルシェによる回想録には、次のように語ったと書かれている。

蔓に覆われた玄関の陰から、偉大な科学者ご自身が私を出迎えに現れた。彼は背が高く（ダーウィンの実際の身長は一八二センチメートルほどで、ヘッケルの方は動物学者ゴールドシュミットの回想によれば二メートル近い巨体だったらしいので、ヘッケルよりは低かったに違いないのだが、おそらく心理的な威圧感がそう言わしめたのだろう）、思想の世界を支える巨神アトラスのごとき広い肩幅をもつ堂々たる体躯で、ユピテルのような額は高く幅広い半球形をなして、ゲーテの額とよく似ていて、知的な活動によって皺が深く刻まれていた。……満面に湛えられた温かい歓迎の表情、穏やかでやわらかな声、ゆっくりとした思慮深い言葉、会話にあふれる自然で自由な発想――そういったことのすべてが、私の魂をすっかり虜にしてしまった。

この時、ヘッケルが緊張のあまり早口でまくしたてた英語は、まわりの人々にはほとんど理解できなかったらしい。しかし、ダーウィンはヘッケルの肩に黙って手を置いて、うなずきながら微笑み、二人の間の友情を確認した。ヘッケルはダーウィン周辺の人々にも紹介され、ドイツにおける有力な同盟者として認知された。それ以来、熱烈な進化論支持者として、研究面では自らが対象とする海生無脊椎動物の中に、ダーウィン説を補強する証拠を蓄積していき、政治的には各種の会議や講演で宣伝に努めた。

英国から戻ったヘッケルは、出版されたばかりの『生物の一般形態学』をダーウィンに送る。総計一二〇〇ページに達する二巻本（第一巻「生物の一般解剖学」、第二巻「生物の一般発達史」）の大著は、ドイツ語のろくに読めないダーウィンにとっては難物だった。ハクスリーに宛てた手紙で、面白そうなのだが細かな記述が大半を占め、新しい事実や見方があまりうかがえないのと、やたらギリシア語由来の造語が多くて、手早く読み進めることができないとこぼしている。この本はダーウィンにとって難解だっただけでなく、ドイツ語圏の読者にとってもそうだったようで、彼の著書のほとんどがベストセラーになったのに、この本だけは初版止まりだった。ヘッケル自身は、この本こそ自らの思想の全体像を明らかにしたと語っていたが、大衆への影響力はさほど大きくなかった。

しかし、この本にはヘッケルのその後の思想のすべてが込められていて、最初の系統樹の図が描かれたのも、反復説が提唱されたのも、この本においてだった。

ベストセラー作家

ヘッケルは、講演だけでなく、旺盛な執筆活動によっても進化論の普及に努めたが、その著書のほとんどはベストセラーとなった。まず一八六八年に出版された『自然創造史』(Naturliche Schopfungsgeschite) はドイツ語版で十二版を重ね、英訳版も二種類が出たし、日本語訳もある。一九二〇年代に書かれた名高い『生物学史』の著者エリク・ノルデンショルトは、この本がたぶん、ダーウィン進化論に関する知識を世界中に広めた基本資料だったと思われると述べている。加藤弘之もまた、ドイツ語原典でこの本を読み、進化論を知ったのである。

しかし、この時代に理解されていた「進化論」を普及させる上で最も大きな役割を果たしたのは一八九九年刊の『宇宙の謎』(Die Weltratsel) であり、出版初年度だけで四万部売れ、続く四半世紀の間にドイツ語版だけで累計七十万部以上が売れたという。この本は、二〇世紀初頭までにアルメニア語、中国語、ヘブライ語、サンスクリット語、エスペラント語を含めて、二十四カ国語に翻訳され、日本語訳も明治三九年(一九〇六年)に岡上梁・高橋正熊訳、加藤弘之校閲という形で出版されたが、加藤の他に文学博士元良勇次郎、理学博士石川千代松、渡瀬庄三郎の四人が序文を寄せるという仰々しいつくりになっていた。この本は全二十章からなり、その章題は順に、「宇宙の謎とは何か」「人体の構造」「人体の生理」「人間の個体発生」「人類の系統発生」「精神の本質」「精神の段階」「精神の

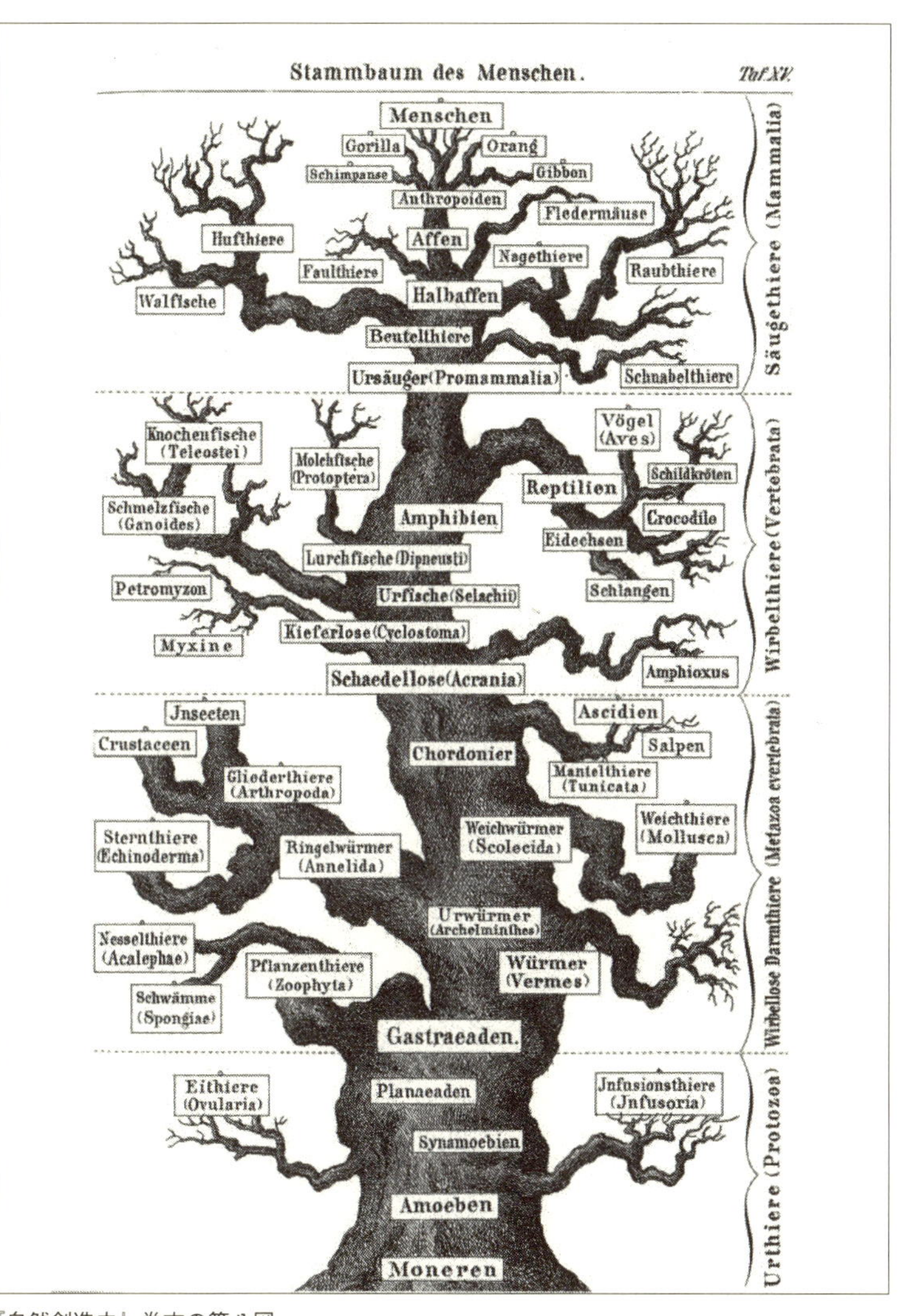

『自然創造史』巻末の第八図

個体発生」「精神の系統発生」「精神の意識」「精神の不滅」「物質の法則」「宇宙の発生学」「自然の単一性」「神と世界」「知識と信仰」「科学とキリスト教」「一元論的宗教」「一元論的倫理学」「宇宙の謎の答」となっている。まさに宇宙から人間精神に至るまで、この世のあらゆる謎に対して一元論的な答を提供していて、『生物の一般形態学』の内容をより啓蒙的なスタイルで書き直したものだといえよう。

次に『生命の不可思議』は、その序文によれば『宇宙の謎』に寄せられた多数の感想・疑問に対して生物学の領域に限定して応える補遺だという。この本もまた多くの読者に迎えられ、いくつもの言語に翻訳された。日本でも、一九一四年に後藤格次の翻訳によって大日本文明協會から日本語版が出版され、その後改訳されて岩波文庫に収録された。それとは別に、英文学者栗原元吉による訳本『生命之不可思議』（玄黄社、一九一八。英訳本からの重訳）も出ている。本書も多くの知識人に読まれた。宮沢賢治はドイツ語原本を所蔵していたようで、カラー版の系統樹の絵に強い感銘を受けたとされる。全体は大きく四編に分けられていて、第一編は生物学の方法論、第二部は形態論、第三部は生理学、第四部は系統進化論になっている。この第四部の最終第二〇章で、あらためて一元論的哲学について述べている。

ヘッケルの著書は、大衆的人気を得ただけでなく、同時代のドイツの生物学者、エドゥアルト・シュトラスブルガー（植物学者）、ウラディミル・コワレフスキー（動物学者）、ヴィルヘルム・ルーとハンス・ドーリッシュ（発生学者）らに影響を与えた。さらに、それより一世代後のエルンスト・マイヤや、リチャード・ゴールドシュミット（どちらも後にナチの迫害を逃れて米国に移住した）たちにも、大きな衝撃を与えた。ゴールドシュミットは次のように回想している。

ある日私は、ヘッケルの『自然創造史』を見つけ、燃えるような目とたぎる魂をもって読んだ。この世のあらゆる問題が、単純明快に解けるように思われた。若者の心を悩ませてきたどんな問題にも答があった。進化は万事における鍵であり、捨て去った信仰や信条に置き換えることができた。創造も、神も、天国と地獄もなく、存在するのは、進化と、最も頑迷な創造説信者たちに進化の事実を実証した反復説というすばらしい法則のみである。

この一文は、ヘッケルの一元論の魅力を示すものと解することはできるが、それよりもむしろ、ヘッケルのフィルターを通したダーウィン進化論の衝撃とみなすべきであろう。何といってもドイツ語圏の多くの読者は、ヘッケルの著作を通じて初めて「進化論」を知ったのである。

ところで、ヘッケルの一元論とは心身二元論に対するものであり、単純に機械論的・唯物論的な哲学だとはいえない。彼によれば、精神は機械論的に説明可能だが、精神を物体に還元することはできず、両者は同じ実体の異なる側面に過ぎないという。ここで哲学的な議論に深入りするつもりはないが、このあたりはスピノザの汎神論の影響を強く受けているように思える。ともあれ、彼の著作が果たした役割からいえば、ヘッケルの一元論は、生物学に唯物論的な視点、実験生物学的な方法を導入したといえるのではないだろうか。

ヘッケルとフィルヒョウの論争

当然と言うべきか、ヘッケルの過激な啓蒙活動は多くの反発を呼び、いくつかの論争を生んだ。進化論の提唱に教会やキリスト信仰者が反発したのは当然として、それ以外にもヘッケルに対する異論はあらゆる方向から飛んできた。

まず、『自然創造史』の中の反復説の図に対する捏造批判が、解剖学者ルートヴィヒ・リュティマイヤーから出された。たとえば、『自然創造史』で、イヌ、ニワトリ、カメの初期胚の区別がつかないことを示すために掲載された三葉の図が同じ原板を使い回していたことが指弾された。この批判に対して、ヘッケルは読者にわかりやすく説明するためにおこなった便法だと強弁したが、第二版以降では図は一葉だけ使い、この三種の初期胚は見ても区別できないほどよく似ているという説明文に変えた。

次いで、著名な発生学者であるヴィルヘルム・ヒスは、発生学の研究に怪しげな系統発生の議論を持ち込むなと反復説（生物発生原則）を牽制し、ヘッケルが原生動物から後生動物へのミッシングリンクとして仮定したガストレア説を批判した。ヒスはまた、ヘッケルの著作に使われている胚の図版のプロポーションの意図的な改変についても指摘した、ヘッケルが生態学（エコロギー）という概念および用語の創始者であることはよく知られているが、彼は実地の海洋生態学者でもあった。そのため、海洋生態学におけるライバルであったキール大学の生理学教授ヴィクトール・ヘンゼンとの間で、プランクトン論争が繰り広げられた（ヘンゼンは発生学者でもあり脊椎動物初期胚のヘンゼン結節に名を残している）。

そのきっかけとなったのは、ドイツの調査船「ナツィオナール号」による大西洋の探検調査についての、ヘンゼンの報告書（一八九〇年）だった。この報告書でヘンゼンは、外洋でのプランクトンの分布が一様であり、北方の海の方が熱帯よりもプランクトンが多いと報告していた。ヘッケルは、自らの調査探検の体験に基づいて、そんなことはあり得ず調査の不完全さが原因であると批判した。実は「プランクトン」はヘンゼンの造語であり、彼は「浅瀬であろうが、深海であろうが、死んでいるか生きているかにかかわりなく、水中に漂うすべてのもの」と定義していた。

ヘッケルは、自著『プランクトン研究』（一八九〇年）の中でこの定義の曖昧さを批判し、動物性と植物性の区別、受動的に漂うもの（プランクトン）と能動的に泳いでいるもの（ネクトン）の区別など、プランクトンが生態的に一様でないことを指摘した。これに対して、ヘンゼンは、仮説でしかない進化論に基づき、そうでない研究を批判するヘッケルに反批判を加え、自らは定量的生態学の方法を確立することに専心する。

ヘンゼンが指摘した進化論が仮説でしかないという批判は、ルドルフ・フィルヒョウからも投げかけられた。確かに、この時代にはまだメンデル遺伝学の再発見がなされておらず、科学的な学説として進化論が認知されるのは二〇世紀中葉の総合説が確立されてからのことだから、この時代の進化論を仮説と呼ぶのはそれほど不見識とはいえなかった。

フィルヒョウは「すべての細胞は細胞から生じる」という格言によって医学史に名を留める巨星であり、細胞病理学の基礎を築いたが、一方で人類学の確立にも大きな貢献をした。しかし、数多くの論戦の中で、筆者にとって最も興味深いのは、このヘッケルとフィルヒョウとの論争である。

フィルヒョウは仮説としての進化論に反対していたわけではないが、厳格な科学主義者として、当面それは仮説として扱うべきだと考えていた。そこで、ヘッケルが単系統的な人類進化を考え、ミッシングリンクとしての直立猿人ピテカントロプスの存在を予言した時、単なる夢想の産物に過ぎないと断じた。それだけでなく、フィルヒョウは人類の祖先としての化石人類に極めて懐疑的で、ネアンデルタール人の発見に際しても病理学的分析から、それはくる病の老人の遺骨だと判定し、化石人類とは認めなかった（フィルヒョウの判定が間違いであることはその後の歴史によって明らかになる)。

さて、いわゆるヘッケル＝フィルヒョウ論争は、一八八七年十月にヘッケルがドイツ自然科学者医学者会議でおこなった講演に端を発する。「総合科学との関連における現代進化論について」と題するこの講演(岩波文庫『ダーウィニズム論集』に収載)は、かいつまんで言うと、進化論が生物学のみならず、科学全体の世界観に影響を与える偉大なものであることを謳い上げている。ヘッケルは、進化論によって無生物から単細胞生物を経て、多細胞生物、人類の由来まで説明できるだけなく、精神の進化も説明でき、一元論的な統一的世界観を築くことができると述べ、ドイツの公教育が進化論に沿ってなされるべきだと説いたのである。

ヘッケルの講演の四日後に同じ会議で演壇に立ったフィルヒョウは、当初の予定を変更して「近代国家における科学の自由」という講演をおこない、激しいヘッケル批判をおこなった。フィルヒョウの批判のモチーフは、進化論が革命思想を醸成し、隣国フランスでパリコンミューンが成立したような事態が起きることに対する懸念だったと思われる。フランスと同様、革命の反動として研究の自由が制限されるという状況になることを憂いたのである。したがって、科学者は厳密に証明されていない理論や学説を軽々しく大衆に喧伝するべきではないし、学校で教えるべきでもないというのが、批判の大筋であった。

フィルヒョウの議論で興味深いのは、科学の理論が大衆に誤って受け入れられる例として、自らの細胞説が天文学や地質学の基本原理として受け取られた例をあげ、進化論にもその危険性があると述べていることである。この時点でのフィルヒョウの主張の当否は別として、社会進化論がファシズムと結びついたことを考えればフィルヒョウの警告は的外れではなかったことになる。

ヘッケルは、この批判に対して当初は反論しないつもりだったが、メディアから返答を迫られて、翌一八八八年に「自由な科学と自由な教育」という反論の論文を発表した。多くの新聞記者たちから、進歩的で自由主義者であるフィルヒョウが反動的なカトリック勢力の側についたことをどう思うのかと問い詰められたからである。ヘッケルの反論は、進化論の科学的な正当性を立証するとともに、進化論と社会主義の結びつきを否定することにも充てられた。ヘッケルによれば、社会主義がすべての市民の平等を希求するものであるのに対して、進化論の真髄は「適者生存」と「生存闘争」にあるから、平等主義とは対極にあるものだと主張した。この論争は多くの読者の関心を引き、科学ジャーナリズムの歴史における注目すべき事件の一つとなった。

生物発生原則

ヘッケルは、生物学における重要な概念や用語を数多く造っているが、彼の主張として今日最もよく知られているのは、「個体発生は系統発生を繰り返す」というフレーズだろう。この反復説、彼自らは「生物発生原則」と呼んだ学説は、「個体発生は短縮されて反復される系統発生に他ならない」というものである。ちなみに、個体発生（ontogeny）も系統発生（philogeny）も、ともにヘッケルの造語である。反復説については、スティヴン・ジェイ・グールドの大著『個体発生と系統発生』で詳しく解説されているので、ここでは概略のみを述べる。

先にスペンサーの章でも述べたが、生物の胚発生過程で下等な（アリストテレス的な階層序列という文脈において）生物に似た形態が現れることは古くから知られていて、それを種の階層序列に関連付ける見方は存在した。ヘッケルの反復説の祖型というべきものを、ドイツの解剖学者ヨハン・フリードリヒ・メッケルが提唱しているが、彼は哺乳類の胎児の発生を調べ、胎児の各発生段階が下等な動物の成体と似ていて、胚発生は両生類の段階に始まり、爬虫類の段階を経て哺乳類に至ると考えた。ただし、メッケルには進化的な発想はなかった。

これに対して、エストニア出身のドイツ人動物学者カール・エルンスト・フォン・ベーアは、似ているのは成体ではなく、下等な動物の胎児に似ているのだと主張した。彼は、キュヴィエと同じく動物に四つの大きなグループ（現在の門に相等）の原型があり、胚発生においてはまず、そのグループを特徴づける形質が現れ、種に特徴的な形質はその後に現れる。したがって、ヒトの胎児は一般的な脊椎動物、一般的な哺乳類、一般的な霊長類という段階を経て、最終的に特殊化したヒトになるのだという。つまり、胚発生は一般から特殊へという過程なのだと主張した。したがって、個体発生で反復されるのは分類学的な序列であり、系統進化という観点は含まれていなかった。

一方、進化論の洗礼を受けたヘッケルは、胚発生における反復現象が系統的進化の反映であると考え、生物発生原則を打ち立てた。彼の基本的な考えは、個体発生は系統進化と同じ順序で進行するのであり、共通祖先をもつ動物は、その段階までは同じ発生過程をたどり、最後にその種独自の発生プログラムが付け加わるというものだった。しかし、単純に付け加わるのでは、高等動物になるほど発生時間が長くなってしまうので、初期の発生段階は時間的に短縮されるのだということになる。

ヘッケルは、この説を『生物の一般形態学』で初めて述べるが、一八七三年に書いた発生学の教科書『人類発生学（Anthropogenie）』（英訳版の evolution of man は一九〇三年の第五版からの翻訳）に説得力のある図を掲げた。それは、八種類の異なる脊椎動物の胚発生を比較したもので、初期段階ほど類似が顕著なことが一目瞭然にわかる。この図には、先に触れたリュティマイヤーらが指摘したように、自らの結論をより明確にするための修正や誇張、あるいは縮尺の変更、データの使い回し、すなわち今日の科学的な基準に照らせば、捏造の部類に属する偽装行為があった。発表直後からそのことは、指摘されていた。

しかし、進化論的に意味があるのは、個体発生が単純に系統発生的な経過を繰り返すことではなく、ダーウィンが認めていたように、成体が非常に異なった形態をしていても、胚どうしが非常に似通っていることから系統的な類縁が明らかになるという点である。厳密な意味で「個体発生は系統発生を繰り返す」という主張は、現在では誤りとみなされている。一見そうであるかのように見えるのは、胚発生が強いる条件（発生的拘束）によって、特定の発生段階で決まった形態をとらざるをえなくするからだと考えられている。すなわち、有機体としての胚が生きていくために必要な生理的条件や、特定の遺伝子が発現するための遺伝的条件が特定の形をとらせることになるだけなのである。

　しかし、個体発生が系統発生を繰り

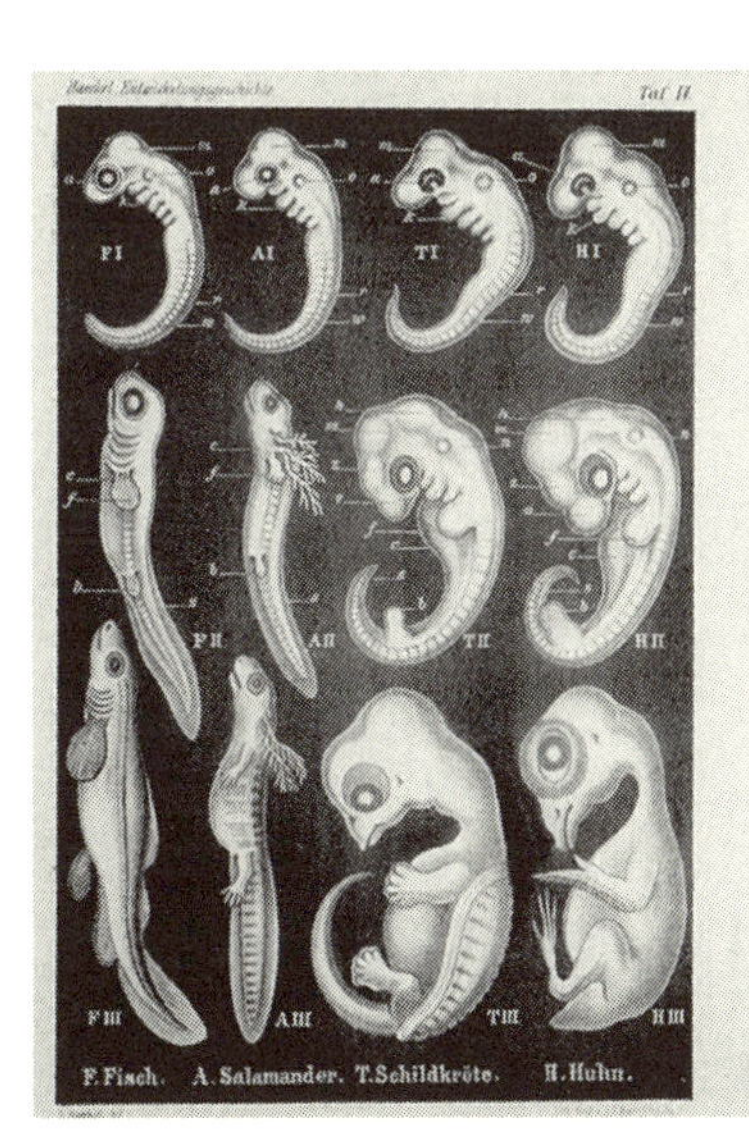

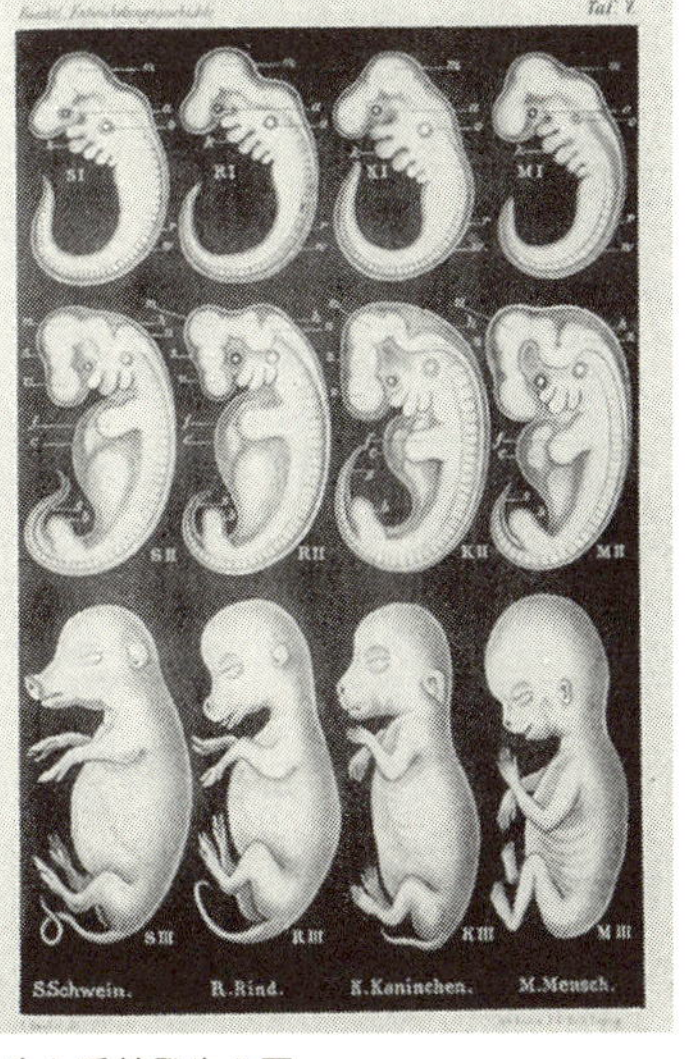

Anthropogenie、1874 に収載されている個体発生と系統発生の図

返すというフレーズは、人間至上主義を標榜する人々にとっては、あまりにも甘美な囁きである。昨今、一部の思想家たちの間で解剖学者三木成夫に対する評価が高いのも、その反復説的な発想への共感にあると思われる。ちなみに、フロイト説は人間の精神の発達段階が人類の精神の発達段階を反復するという仮定の上に成立するものであり、発達心理学の多くも反復説の影響を受けている。

ともあれ、先に述べたヘッケルの図は、あまりにもわかりやすくその関係を示すものであるがゆえに、初等・中等教育の理科の教科書に収録され、ずっと昔に誤りが指摘されているにもかかわらず、今日に至るも誤った図が多くの教科書の紙面を飾っている。教科書が専門家のチェックを受けないことによる間違いだが、恥ずべきことである（筆者自身の百科事典編集の経験からしても、いったん教科書や辞書に掲載された誤りが、そのまま長年にわたって訂正されることなく継承されるという事例は珍しくない）。

創造論者（および近年のインテリジェント・デザイン論者）は、今頃になってこの図の間違いを取り上げて進化論の誤りの証拠としているが、図に捏造があることと、進化論の正否は関係がない。近年におけるゲノム解析のデータは、この誤った図よりもはるかに説得力のある系統的進化の証拠を提供してくれている。

人種とは何か

進化論を人間社会にあてはめる社会進化論は、進化論の社会的な受容にあたって重要な働きをしたが、そこには大きな問題が孕まれていた。スペンサーの章でも述べたが、人間に生存競争や自然淘汰の原理を適用する際に、単位は何かという問題である。生物学の議論としては、単位は種（厳密にはその遺伝子プール）でなければならないのだが、社会進化論者の多くは、民族や人種を生存競争の単位として扱う。それはとりもなおさず、人種を種として扱うということである。

ダーウィンはその問題点をよく自覚していて、『人間の由来』の第七章において、人種を種として扱うべきかどうかを考察している。人種を種として扱うことについての賛成論と反対論を分類学の視点から論じ、断定的には言えないが人類を一つの種とみなすほうが妥当であろうと結論する。そして、人種を特徴づける肌色、毛髪の色や様態、体型などの形質は、生存条件と直接関連がないものであり、普通の意味での自然淘汰によってではなく、異性による選択（性淘汰）によって生じたに違いないと考え、この本の後半（第二部）を性淘汰の解説に充てている。

したがって、ダーウィンにとっては、人種間の自然淘汰は考察の対象ではなかった。それに対してヘッケルは、最初から人種を種として扱い、その生存競争による進化を論じた。一八六八年初版の『自然創造史』では、巻末第八図に仮想的な人種系統樹を掲げている。

この図の最下段には猿人が置かれ、そのすぐ上にパプア人、ホッテントット、アルフル族（インドネシアの先住民）、それより上の段に中央アフリカ人とポリネシア人、その上にアメリカ先住民と北極民、上段にはモンゴル人、エスキモー人、そして最上段にコーカサス人種という九つの人種（グループ）が区別されている。コーカサス人種はセム人とインドゲルマン人の系統に分かれ、それぞれの最上位にベルベル人（北アフリカのアラブ人）とユダヤ人およびロマン人とゲルマン人を並べている。ここでは、人種間の生存競争における文化・文明の役割が強調されていたものの、基本としては肌色や髪の縮れ具合、頭骨の形状など、生物学的な形質を元に分類がなされていた。

ところが、一九〇四年刊の『生命の不可思議』第十七章「生命の価値」において、人種の生命の価値を論じたところで、ヘッケルは極めて差別的な人種区分を採用する。そこでは、オーストラリアの博学の著述家アレクサンダー・サザーランドの『道徳本能の起源と成長』（一八九八年）に依って、原人（自然民族）、野蛮人（半原人）、文明民族、文化民族人類の四大区分を採用し、自らの知見を加えて、さらに詳しい分類および解説を付け加えている。

原人とは狩猟採集民のことで、下等、中等、高等に細分される。下等原人にはセイロン島のヴェッダ人やアフリカのブッシュマン、東南アジアの先住民が、中等原人にはオーストラリア先住民、アイヌ人、ホッテントットなど、高等原人にはインド先住民、サモア人、カムチャッカ人、南米インディオなどが含まれ、彼らの生命の価値は類人猿よりわずかにましな程度でしかないとする。

野蛮人にも、その住居や社会形態に基づいて、下等、中等、高等の区別があり、原初的な牧畜・農耕生活をしている世界各地の先住民の他に、古代ゲルマン人などもこれに含まれる。

文明民族とは、分業と道具使用、芸術・文化が発展し、国家を有する人類で、やはりその文明の度合いに応じて、下等、中等、高等に区分される。文明民族としては西欧以外の文明国の人種と、古代・中世の西欧人が充てられている。ちなみに、日本人は高等文明民族に分類されている。

最後の文化民族は、高度な社会組織を有す民族で、近代西洋およびその後継者たる米国だけが対象とされ、下等はルネサンス期、中等は近代以降、高等は人類が目指すべき究極の社会を想定している。

類縁関係を無視して、文化的要素を重視するこうした人種観に、俗流社会進化論と反復説を組み合わせれば、下等な人種は西欧人種の古い歴史を反復している存在に過ぎないから生存競争によって敗退し、隷属させられるのは当然だという人種差別主義へと自然に導かれる。ただし、伝記作家リチャーズが力説するように、ヘッケルが反ユダヤ主義者だったという主張には確かな根拠が見あたらない。

優生学への道

優生学は、ともすればナチス・ドイツの蛮行に結びつけられがちだが、優れた種（現在なら遺伝子）を残すという発想は進化論よりずっと昔から存在した。たとえば、プラトンの『国家』にも「国は馬と同じように優れた男のみに種付けをさせる」といった記述がある。

近代的な「優生学（eugenics）」という言葉は、チャールズ・ダーウィンの従弟にあたる人類学者フランシス・ゴルトンの創案であり、一八八三年の著書『人間の能力およびその発達』で初めて使われた。これは「よい生まれ」を意味するギリシア語からの造語で、彼の問題意識は、現代社会が社会福祉政策（弱者の救済）や戦争（優秀な肉体的能力をもつものが死ぬ）が自然淘汰の働きを無効にしている、つまり劣生学（dysgenetics）の状態にあり、これを正すのが優生学だという点にあった。したがって、遺伝学の優性・劣性の優性（dominant）とは何の関係もない。こうした誤解を避けるために、日本遺伝学会は二〇一七年の九月に、従来の「優性」と「劣性」を「顕性」と「潜性」に改訂することを決定し、文部科学省にも改訂を要請した。しかし、一〇〇年以上にわたって使われてきた用語であるから、この改訂が浸透するのは容易ではないだろう。

彼の定義は「社会的な制御の下で、将来の世代における人種の質を身体的あるいは精神的に改善または修復するような要因を研究する学問」であった。彼は一九〇四年にロンドンで開かれた第一回英国社会学会で『優生学——その定義、展望、目的』という有名な講演をするが、ここで改めて「人種の生まれつきの質の向上発展に影響するすべての要因、並びにそれらを最大限に発揮させることに影響する要因を扱う学問」と定義し直し、その目的は、「遺伝的知識の普及、国家・文明・人種・社会階層の盛衰の歴史的研究、繁栄している家系についての体系的情報収集、結婚の影響を研究する」ことだとした。

このように、ゴルトン自身の定義は極めてアカデミックなもので、差別主義的なニュアンスはなかったが、優生学という概念は、やがて英国だけでなく米国、ドイツをはじめとして、世界中で社会政策上の実践運動と結びつくようになる。そして、ついにはナチス政府によるホロコーストという悲劇的な結末を迎えることになる。

ヘッケルが優生学的な思想をもっていたことは、数々の証拠からみて間違いがない。たとえば、『生命の不可思議』の第五章の「スパルタ式淘汰法」という項では次のように書かれている。

古代スパルタ人の卓越した能力、すなわち体力と美とその精神的精力と実行能力の大部分は、新たに生まれた嬰児が虚弱であるか、または不具である時、これを殺戮する習慣からきたものである。かかる習慣は、今日なお、多くの自然民族および野蛮人に存する。余が、かつて一八六八年、『自然創造史』の第七講において、このスパルタ式淘汰法の特長と、そが人種改良上の効用とを指示した時、信心深き雑誌からはなはだしい憤怒を招いたが、これは純粋理性が世論の先導的偏見および伝説的信仰教義を打破せんとする時、常に免れ得ないものである。余はこれに対して問おうと思う。「毎年生まれる数千の不具者、聾唖、白痴、その他、とうてい治癒することのできぬ遺伝的資質を有する者を、人工的に養育して成人せしめても何の益がある。この同情すべき人々自身も、その生命から何の利益を享けるか。しからば彼らの憐れむべき生涯が。自己およびその家族に及ぼす、避けがたい不幸をその始めからしてただちに断絶するは合理的で、かつ良好なものではないか」(後藤格次訳を現代的表現に改変)。

また、その直前の「死」という項では、同じ論理から、回復の見込みのない重病人の安楽死を認めている。したがって、ヘッケルが明確な優生思想をもっていたことは疑問の余地がない。しかし、ヘッケルがナチスの優生学的政策に直接の影響を及ぼしたかどうかは別問題である。そもそもヒトラーが政治活動を開始するのは第一次世界大戦以降であり、それはヘッケルの没年に近く、影響を及ぼすのは物理的に不可能だった。

ドイツ優生学の祖は『遺伝と淘汰』の著者ヴィルヘルム・シャルマイヤーとアルフレート・プレッツだとされている。

シャルマイヤーは、哲学と社会学を学んだ後に医学に転じた医師で、一八九一年に『文明人に差し迫る身体的退化と医療体制の国有化について』という本を出版して優生学的思想を公表した。そして、一九〇三年に懸賞論文で一位をとった「遺伝と淘汰」という論文において、指導的な優生論者の名声を確立した。

プレッツは、一八九五年年に『民族衛生学の基本方針』を著し、一九〇五年には民族衛生学会を創る。ここでいう民族衛生（Rassenhygiene）とは優生学のことであり、彼はこれを「人種の最適の維持条件および発展条件に関する学問」と定義し、遺伝的に劣った資質をもつ個人が子孫をもつことを妨げる必要があること、そのためには人為的に淘汰に介入すべきこと、具体的には不妊手術の必要性を明言した。

両者とも、近代医学が弱者の生存と繁殖を助けることによって自然淘汰の力を無効にし、戦争が多くの最適者を死に至らしめることにより身体的劣化をもたらすという、ゴルトンやヘッケルの考え、大きく言えば社会進化論の影響を受けていた。だが、彼らが最も強力な拠り所としたのはヘッケルの考えでなく、アウグスト・ヴァイスマンの生殖質説、すなわち獲得形質は遺伝せず病疾は生得的な遺伝形質だとする説だった。

シャルマイヤーは人種差別的な意識をもたなかったが、プレッツは明確にアーリア人最適者説を持ち込み、自然淘汰を人種レベルに適用することで、ナチ党の断種法（遺伝性疾患子孫防止法）、さらにはホロコーストへの道を切り開いた。

したがって、ヘッケルがドイツにおける社会進化論や、優生思想の先鞭を付けたとしても、ナチの政策に直接の影響を与えたという言い方はできない。

ヘッケルの悲劇

リチャーズによる伝記の最終章は、『悲劇的なヘッケル観』と題されている。ここに書かれているのは、一言で言えば現在のヘッケルについての科学史的評価は不当だということにつきる。第二次世界大戦後、ダニエル・ガスマンの『国家社会主義の科学的起源』という著作によって、ヘッケルはヒトラーのホロコーストの元凶として糾弾される。それ以来、ピーター・ボーラーやスティーヴン・ジェイ・グールドを含めた大多数の科学史家は、ヘッケルがダーウィンの背信者だという評価を定着させている。しかし、先に述べたように、ヘッケルの考え方がドイツにおいて人種差別や優性思想を助長したというのは事実だが、ヒトラーのナチス政府がやったことのすべてをヘッケルに押しつけるのは行き過ぎだろう。ガスマンの議論は、ダーウィン（および進化論）をファシズムと切り離すために、そこに孕まれる危険な要素をすべてヘッケル一人に押しつけて、トカゲの尻尾切りをしているといった感がある。

先の二章でも述べたように、ダーウィンの進化論が発表された当時、多くの人はそれを社会進化論として受けとめたのであり、トマス・ハクスリーも、スペンサーもそうだった。

ダーウィンは明言していないが、進化論には社会進化論があらかじめ内包されていたのである。また人類進化論はハクスリーが言い出したものであり、優生学もダーウィンの従弟フランシス・ゴルトンが始めたものであるが、ダーウィンは特に異を唱えることはなかった。そして優生学が実際に発展するのは、米国においてであり、ナチス党の断種法は、一九〇九年に制定されたカリフォルニア州断種法をモデルにしたものだった。

本書で再三述べているように、ダーウィン自身は社会進化論や人種差別を積極的に説いた訳ではないが、支持者たちのそうした発言を容認していた。細部に意見の違いがあっても、ダーウィンはトマス・ハクスリーやヘッケルを進化論の擁護者として全面的に支持した。おそらくは、自らの進化論を普及させるための政治的な妥協だったのだろう。実際、ハクスリーとヘッケルがいなければ、ダーウィンが生きている時代に進化論があれほど急激に普及することはなかったかもしれない。

ヘッケル自身はダーウィン思想のために全身全霊を込めて活動したのに、後世で裏切者にされたと知れば、どれほど悲嘆にくれただろう。一方のハクスリーが「ダーウィンのブルドッグ」という名を残しているのに比べて、歴史の評価は苛酷かつ悲劇的である。

歴史的評価とは関わりないが、ヘッケルの人生はもう一つの悲劇によって彩られてもいた。それは恋愛だった。最愛の妻アンナを短い幸福な結婚生活の後に失って激しい悲しみに襲われたことは既に述べた。彼はその三年後に新しい妻、アグネスと結婚し、三人の子をなすが、ヘッケルがアンナへの思い出を断ち切れなかったために、結婚生活は幸福とはいえなかった。晩年、六十歳を越えた時、『自然創造史』を読んで手紙を寄せた三十歳の美しく学識ある女性、フリーダ・フォン・ウズラー＝グライフェンを知ることになり、彼は恋に陥る。六年間にわたる不倫の恋の後、罪悪感に苛まれたフリーダは心を病んで薬物の過剰摂取により死亡する。この六年間に二人は、「わが妻」、「わが夫」と呼び合うようになる熱烈な四〇〇〇通以上の手紙をやり取りしたが、それらはヘッケルの死後、最初は匿名で、最終的には実名を用いた三巻本の書簡集として出版された。

ヘッケルは最初の妻と最後の愛人という、喪った二人の愛する女性を永遠の記憶に留めるために、二種のクラゲ（*Desmonema annasethe* および *Rhopilema frida*）の学名に、その名を残した。いずれも『生物の驚異的な形（Kunstformen der Natur）』に、その描かれた美しい姿が収録されている（第八図および第八十八図）。そしていまや、日本においてヘッケルが、その科学史上のスキャンダルよりも、美しい図版の作者として知られるようになったことは、彼にとってせめてもの慰めになるのではないかと思うが、あるいは屈辱と感じるかもしれない。

第六章　進化の総合説の仕上げ人｜ドブジャンスキー

ここまで進化論の歴史に関わった生物学者たちの群像を紹介してきたが、その締めくくりとして現代総合説の提唱者を紹介しないわけにはいかない。

総合説は一九四〇年代に確立され、細部における修正はあったけれども現在の正統派進化論の根幹をなすものである。総合説の確立については後で簡単に説明するが、これには多くの学者が関わっていた。ドブジャンスキーもその一人である。しかし、彼は重要な役割を果たしたとはいえ、必ずしも最大の功労者というわけではない。彼を恣意的に取り上げる理由は、進化論が社会に受容されていく歴史を歴史的な背景中で捉えたいという筆者の意図にある。帝政ロシアに生まれ、ロシア革命を経験し、米国に移住して活躍した遺伝学者であり、「生物学においては進化の光を当てなければ何事も意味をなさない」という名言を残した彼こそ、古典的なダーウィン主義からネオダーウィン主義への脱皮を象徴する人物としてふさわしいと考えるからである。

ドブジャンスキーの生涯については、バーバラ・ランドによる『ある科学者の進化』と題する心温まる伝記があるが、その他に彼の弟子で生物学者・科学哲学者であるフランスコ・ホセ・アヤラによる伝記と、英国の生態遺伝学者エドモンド・フォードによる伝記的な追悼録をウェブ上で読むことができるので、それらを頼りにまずは彼の生涯をたどってみよう。

昆虫少年から生物学者へ

テオドシウス・ドブジャンスキーが生まれたのは一九〇〇年、奇しくもメンデル遺伝学が三人の学者によって同時に再発見された年であった。ウクライナの首都キエフから二〇〇キロメートルほど南西にあるネミーロフという小さな町で、ポーランド出身の数学教師グレゴリー・ドブジャンスキーの一人息子として誕生した。母親のソフィーは生粋のロシア人で、祖父はロシア正教会の司祭であり、文豪ドストエフスキーは母方の親戚だった。なかなか子どものできなかった夫妻は、様々な聖地を尋ねて出産を祈願してまわり、チェルニーヒウの教会で、聖テオドシウスの肖像に、もし息子を授かればあなたの名前を付けますと約束したのが彼の名の由来だという。

ネミーロフの屋敷は広大で、父親が教鞭をとる学校の多数の生徒が一緒に暮らしていた。生徒たちの多くは領主の息子で、遠くから来ているために寄宿する必要があったからだ。

屋敷の周囲には美しい庭園と池、大きな裏山があり、ウマ、ウシ、ニワトリが常に飼育されていて、自然が満ちあふれていた。テオドシウスがナチュラリスト的な志向をもつようになるのは当然の成りゆきといえた。

両親は一人息子の教育に熱心で家庭教師も付けたので、テオドシウスは学校に行くようになる以前からドイツ語とロシア語が流暢にしゃべれた。その他の教科についても入学前には既に学んでいた。一九〇九年にギムナジウムに入学すると、余暇のほとんどはチョウ集めに費やすようになった。

しかし、一九一〇年の夏に状況は暗転する。カフカスで休暇を過ごしていた時に、父親のグレゴリーが浴室ですべって転倒し、脳に損傷を受けたために歩けなくなり、教職の続行を断念せざるを得なくなる。一家はキエフの郊外の小さな家に転居し、さらに二年後に二世帯用の住宅を買って空き部屋を貸し、乏しい年金の埋め合わせをすることになった。このキエフの家で、ドブジャンスキーは激動の時代を過ごすことになる。ただ、周辺にはやはり豊かな自然があり、昆虫採集に耽ることができた。

一九〇五年に首都サンクトペテルブルクで起こった「血の日曜日」事件をきっかけに湧き上がった帝政打倒の革命運動の中核を担ったのはウクライナ人兵士たちだった。皇帝ニコライ二世の国会開設などの改革によって、一時的に革命運動は沈静化するが、一九一四年の第一次世界大戦への参戦によって改革が停滞すると大衆の不満は爆発し、一九一七年二月と十月の二度にわたるいわゆるロシア革命を招来する。二月革命の後、ウクライナでは臨時政権中央ラーダがロシア連邦内の自治政権の樹立を宣言するが、十月革命で誕生したボリシェヴィキ政府はこれを認めず、十二月にウクライナ・ソヴィエト戦争が勃発した。翌一九一八年、ウクライナに侵入してきた赤軍にキエフ大学の学生を中心とする中央ラーダ軍は立ち向かったが敗退し、多くの死者が出た。その後、周辺諸国が干渉した戦乱が何度もキエフの町を踏みにじったが、最終的に一九二〇年に政権は崩壊し、ウクライナ社会主義ソヴィエト共和国が成立して一九二二年に結成されたソヴィエト連邦の一員となる。

革命以来、ウクライナの政権は十五回変わり、ドイツとの戦争が終わる頃には市街での戦闘は日常的になり、「ドイツ軍と戦っているロシア人とロシア人と闘っているロシア人を区別するのは、しばしば簡単ではなかった」といわれる。そうした混乱と困窮の中で、一九一八年に父親グレゴリーは数年にわたる闘病の末に亡くなった。母親も心臓を患い働けなくなり、一家の生計はテオドシウスの肩にかかるようになった。

第一次世界大戦中は、キエフから五〇〇キロメートルも離れていないところが戦場となり、食糧は不足し、物価は高騰した。家計を助けるために、テオドシウスは勉強のできない生徒の家庭教師をした。ちょうどその頃、チョウ採集仲間だった裕福な友人ヴァディム・アレクサンドロフスキーの家の図書室で、ダーウィンの『種の起原』を見つける。そして貪るように読み、その探検紀行と犀利な理論に感銘を受けたのである。

ロシア革命に対しては、母親も彼も友人たちも、基本的には左翼的な心情の持ち主だったので、その初期には支持していた。しかし、ボルシェビキが政権を握り、暴力が横行するようになるにつれ共感は薄れていった。

アヤラの伝記によれば、コロンビア大学の口述筆記による未刊の自伝的回想録において、ドブジャンスキーが生物学者になる決心をしたのは、一九一二年頃だったと語っているという。ギムナジウムに在学中、博物学の先生が彼に顕微鏡を自由に使うのを許してくれたことで、生物の観察実験ができるようになった。

そして一九一五年の冬、モスクワ大学を中退したばかりの若き昆虫学者ヴィクトール・ルーチニクとの出会いが訪れる。ルーチニクはテントウムシ科の甲虫を専門にしていて、ドブジャンスキーに、ただチョウを集めているだけではどうにもならないから、何か特定の昆虫を専門的に研究すべきだと忠告した。そこで、ドブジャンスキーはテントウムシを研究することに決める。彼が十八歳の時に、ドニエプル川の氾濫が起き、河岸に大量の昆虫の遺骸が打ち上げられた。その中にはいくつもの新種のテントウムシが含まれていたので、その記載をロシア語で書き、これが彼の初めての科学論文となった。そして、一九二七年にロシアを去るまで、テントウムシに関するさらに十九編の論文を発表した。

戦乱のなかで育まれた遺伝学への夢

ドブジャンスキーは第一次世界大戦の徴兵を運良く免れ（一八九九年生まれの青年は招集されたが彼は一九〇〇年の一月生まれだった）、一九一七年にキエフ大学（一八三四年創立）に進む。そして、細胞学者クシャケヴィッチ教授の下で、大学一年生からタニシ類の性分化に関する細胞学的な研究を始める（教授の死によって未完成に終わる）。

革命以降の動乱期、他大学の多くの教授は、難を逃れてキエフのクシャケヴィッチ教授の研究室に集まっていた。ドブジャンスキーはそうした教授たちとの議論で大いに啓発された。その中に、著名な地球科学者でモスクワ大学教授のウラジミール・ヴェルナツキー（ウクライナ科学アカデミーの創設に尽力した）もいた。彼は地質形成における生物の役割の重視という観点からの標本集めをしていて、そのスタッフとしてドブジャンスキーは雇われた。

ドブジャンスキーは一九二一年に生物学科を卒業するが、卒業前の一九二〇年にキエフ大学内に開設された労働者階級に基礎的な科目を教える自由大学（Rabfac：ソヴィエトによる改革の一つとして設立された）の動物学・植物学の講師として採用された。教職についていたおかげで、赤軍、白軍、緑軍（アナーキスト）、ポーランド軍と目まぐるしく入れ替わる占領軍に徴兵されることは免れたが、一九一九年の冬に、国際赤十字団の救援列車の雑役に駆り出され、列車をオデッサ（ウクライナ南部の黒海に面した港湾都市でキエフから四四〇キロメートルほど南にある）まで移送するにあたって警護の役を命じられる。その帰途は、もはや鉄道はまともに動かず、食糧はなく、ろくな衣類も身につけないまま、想像を絶するような苦難の旅だった。駅や貨物列車は避難民で溢れていたが（後に似たような状況を描いたパステルナークの『ドクトル・ジバゴ』を読んで深く心を動かされ、まるで自伝を読んでいるような気分だったと回想している）、うまく一両だけ動いていた蒸気機関車に潜り込むことができ、翌年の二月にやっとキエフにたどり着いて母親の無事を確かめることができた。しかし、帰還後、彼は流行していた発疹チフスに罹って入院し、生死の境をさまよった末に生還する。

退院して間もないある日、彼は近くの村に買い出しに出て、親切な老婦人から代用パンを分けて貰い家に持ち帰った。そして朝食にその代用パンを食べていた時に、母親はそのパンで喉を詰まらせ、心臓が弱っていたために、あっけなく逝ってしまった。彼は悲嘆に暮れ、天涯孤独の身をかこつことになる。生き残った彼にも食べるものはほとんどなく、餓死寸前だったが、家の近くの果樹園の木の実で、どうにか命をつなぐことができた。

貧窮生活を経て一九二二年に、ドブジャンスキーは大学の友人の紹介で、キエフの農業専門学校の臨時講師として採用された。彼はそこで動物学を講じ、かなりの給料をもらえるようになった。その後、正式な講師となり、一九二四年までこの職に在ってテントウムシの研究を続けた。

そしてその頃、彼の周りに集まる同僚や学生たちの間では、メンデル遺伝学を研究すべしという気運が盛り上がっていたのだった。

一九二一年に、メンデル遺伝学調査のために、レーニンのソヴィエト政府は、ニコライ・ヴァヴィロフを西ヨーロッパおよび米国に派遣した。彼は多数の書籍、雑誌、学会誌をペテログラード（レニングラード）に持ち帰って、ロシア遺伝学の種をまいた。それらの資料には、コロンビア大学のトマス・ハント・モーガンらのショウジョウバエ遺伝学の目覚ましい成果も含まれていた。若い生物学徒たちは遺伝子の発見に沸き立った。

ドブジャンスキーは、ペテログラード大学（一八一九年創立。元はサンクトペテルブルク大学だったが、第一次世界大戦時にペテログラード大学、ロシア革命後一九二四年一月にレニングラード大学と改称され、ソ連邦崩壊後に再びサンクトペテルブルク大学と改称されて現在に至る）のユリ・フィリプチェンコ教授によるモーガンの研究についての記事を読んで、もっと詳しい情報を得るべく、列車に飛び乗ってペテログラードに向かった。

しかし、ヴァヴィロフが持ち帰った豊富な文献のほとんどは英語表記だったので彼は読めなかった。そのため、彼は独学で英語をマスターすることにした。ドブジャンスキーは、この新しい学問にすっかり魅了され、そうした研究を自分でもしたいと熱望した。

まさにその時期、レニングラード大学に遺伝学教室を開設したばかりのフィリプチェンコ教授から、助手としてこないかという招きがあった。ドブジャンスキーは喜んでその話に飛びつき、一九二四年に赴任して一九二七年まで遺伝学を講じる。フィリプチェンコは、元々昆虫学者だったが、モーガンのショウジョウバエ遺伝学のことをよく知っていて、同じような研究をおこなおうとしていたのである。自身は定向進化論者だったが、進化論に初めてメンデル遺伝学を取り入れた学者の一人であり、総合説の成立に少なからぬ影響を与えた。現代的な意味での「大進化（macroevolution）」と「小進化（microevolution）」という言葉を造ったのも彼だった。ドブジャンスキーは、彼の下でテントウムシ類に関する先駆的な集団遺伝学的研究をおこなう中で、キイロショウジョウバエ遺伝子の多面発現に関心を寄せた。

ドブジャンスキーは一九二四年八月、キエフ大学の教授でロシアの発生学の父ともいえるイワン・シュマルハウゼンの下で遺伝学を研究していた二十二歳のナタリア（ナターシャ）・シヴァーツェフと結婚する。彼女はクシャケヴィッチ教授らが戦乱中に人目を避けて研究拠点にしていた家の娘で、ドブジャンスキーは十四歳の時から彼女をよく知っていた。この結婚は二人にとって非常に幸せなものだったようで、一九六九年に彼女が冠状動脈血栓で亡くなった時、彼は深く落ち込んだという。彼女は結婚後も研究を続け、時には共同研究もおこない、共著論文もある。二人の間には一人娘ソフィアが生まれるが、彼女は後にイェール大学の人類考古学者、マイケル・コウと結婚し、四人の子をなした。

一九二六年、ドブジャンスキーはソ連科学アカデミーの会員に選出された。また一九二五年と一九二六年にフィリプチェンコが組織した中央アジア探検隊に参加し、家畜資源としての野生動物の調査研究をおこなっただけでなく、自らもトルキスタンへの探検隊を組織した。その際にもムシ屋の魂は忘れず、タシュケント近くの高山地帯で冬眠中の新種のテントウムシの群れを見つけて記載論文を書いている。

フォードの回想録によれば、レニングラード大学にいる時、英国の遺伝学者ウィリアム・ベイトソンにエルミタージュ美術館を案内する役がまわってきたが、その時はまだ英語がしゃべれなかったので、ドイツ語で会話を交わしたということである。後年の彼は語学に堪能で、ロシア語、ドイツ語はもとより、フランス語も話すのはうまくなかったが読むのに不自由なく、中南米でも問題なく通じる程度にスペイン語とポルトガル語にも習熟していたといわれる。

一九二七年、ドブジャンスキーの才能を認めていたフィリプチェンコ教授は、米国での研究を勧め、モーガンに手紙を書いてくれた。そして、国際教育財団（ロックフェラー財団）の奨学金を得て、米国に一年間留学することが決まった。それはスターリンが独裁的権力を握る以前のことだった。

モーガンの下で

一九二七年、ドブジャンスキー夫妻はラトビアの首都リガのアメリカ領事館で学生ビザを取得し（当時ソ連と米国は外交関係がなかった）、パリを経てシェルブールから船に乗り、十二月二十七日という年の暮れにニューヨークに到着した。二人はホテルに荷物を置くのももどかしく、すぐに車でコロンビア大学のショウジョウバエ遺伝学の聖地、トマス・ハント・モーガンの研究室に向かった。

研究室では、最初のうち英語がよく聞き取れず、また統計や数式の話が飛び交うのに途惑うが、英会話の訓練をし、自らの細胞形態学的な能力を活かしたテーマをショウジョウバエ遺伝学に見い出して次第に認められるようになり、皆からはドビーと呼ばれるようになった（モーガン教授だけはなぜか誤ってドバージャンスキーと呼び続けたらしい）。

そして一年後、モーガンがカリフォルニア工科大学に創設される新しい生物学科の長として招かれることになり、研究室は丸ごと移転することになった。そして、ドブジャンスキー夫妻はともに、そこに席を与えられることになる。ロックフェラー財団からの奨学金は一年だけだったが、モーガンの尽力によって一九二九年まで延長されることになった。

この研究室の初代教授は、ショウジョウバエ染色体における遺伝子交叉などの研究で知られるアルフレッド・ヘンリー・スターティヴァントで、死ぬまでこの地位にあった。

一九二九年、ドブジャンスキーはモーガンから準教授になるよう誘われ、その申し出を受けるが、学生ビザしか持っていないことが障害になり昇格は難航した上、滞在自体が非合法だった。法的にはロシアに直ちに帰国しなければならない身だった。しかし、友人や知人から故国ロシアの政情が不安定になり、スターリン政権下の後述するルイセンコ論争の影響で、かつての師や同僚、生徒たちが罷免されたり投獄されたりしているという情報が耳に入るようになる。そのため、米国での永住を真剣に考えるようになった。

そして二年後、いったんカナダに出てから移民ビザを収得することになるが、不法滞在者である夫妻が移民局から正式なビザを得るのは簡単ではなかった。スターティヴァント教授からモーガン所長、カリフォルニア工科大学の学長、さらには時の大統領ハーバート・フーバーまで乗り出して、やっと許可されたのだった。

一九三六年にドブジャンスキーは正教授となり、一九四〇年まで在職した後、かつての学舎であったコロンビア大学の教授に転じ、一九六二年から一九七〇年までロックフェラー研究所（後にロックフェラー大学）の教授、さらに一九七五年まで名誉教授として留まる一方で、一九七一年から亡くなる一九七五年までカリフォルニア大学デーヴィス校の遺伝学教授も兼任した。

一九二〇年代から一九三〇年代にかけては、モーガン学派のお家芸であるキイロショウジョウバエでの古典的な遺伝学で大きな業績を上げた。X線照射で突然変異を誘発したショウジョウバエでおこなった遺伝子の転座や連鎖の研究から、染色体上における遺伝子の並び方について顕微鏡による実証的な証拠を示し、その挙動からセントロメア（動原体）の存在を明らかにした。また、XおよびY染色体が性決定に果たす役割についての論文は、発生遺伝学の先駆けとなるものだった。さらに、レニングラード大学時代に関心を寄せたショウジョウバエ（マラーがチェトヴェリコフに与えたものの子孫）遺伝子の多面発現についての研究も継続した。

その後、ドブジャンスキーは集団遺伝学的な研究に転じたが、生涯を通じて極めて生産的な研究活動をおこなったといえるであろう。彼は、五六八編にのぼる論文（十数冊の著書を含めて）を残し、二十を越える大学の名誉学位をもち、五つの学会の会長を務めるなど、学会に揺るぎない地位を確立した。

総合説の確立

総合説の成立に関しては、多くの教科書に詳しく書かれているので、ここでは簡略にその経過を述べるにとどめる。

ダーウィン進化論の最大の弱点は遺伝のメカニズムだったが、メンデルの遺伝学説の提案と一九〇〇年におけるその再発見によって、遺伝がダーウィン進化論の欠落を埋めることになる。しかし、当初それは自然淘汰による漸進的な進化を否定し、突然変異に基づく跳躍的な進化を支持するものと受け取られ、一九三〇年代までは「ダーウィン主義失墜」の時代とさえ言われた。また、同時にラマルク的な獲得形質の遺伝も科学的な根拠を失うことになる。そして、漸進説を支持する生物測定学派と跳躍説を支持するメンデル学派の対立がしばらく続いた後に「総合」の時代が訪れる。

進化が個体の現象ではなく集団（個体群）の現象であることをダーウィンは理解していたが、遺伝学は集団の現象を解析する手段を提供した。統合のきっかけとなったのは結局のところ、集団の形質の統計学的な処理の方法、すなわち集団遺伝学の発達であった。これには、ロナルド・フィッシャー、J・B・S・ホールデン、シューアル・ライトが大きな役割を果たした。

フィッシャーは数理統計学者としての方が有名な人物だが、『自然淘汰の遺伝学的理論』（一九三〇年）で自然淘汰と遺伝学が生物統計学の方法で統一できることを示した。ホールデンは、様々な遺伝様式について具体的な事例の自然淘汰の数学的な計算をおこなった。ライトは、『メンデル集団の進化』（一九三一年）という論文で、集団の大きさと遺伝子の確率的分布の問題を扱い、「遺伝子（の機会的）浮動」という極めて重要な概念を提出した。これによって、小さな集団では頻度の低い変異でも確率的に定着可能なことを示した。

ドブジャンスキーは、総合説の形成にいかなる役割を果たしたのだろうか。上記フィッシャーらの業績は、生物統計学的な手法によって、集団レベルでの遺伝的進化の可能性を例証したものだが、あくまで理論上のことであり実証的な証拠を欠いていた。野外の自然集団で、実験室で見られるような突然変異が実際に存在し、それらの頻度が変化するというデータはなかったのだ。そうした集団遺伝学的な研究に先鞭をつけたのは、ロシアの遺伝学者セルゲイ・チェトヴェリコフと、その弟子たちだった。彼らは、野外における突然変異はほとんどが有害で致死的であるが、劣性遺伝子であれば、ヘテロ（二つの対立遺伝子座のうちの一つだけにしか突然変異がない）では表現型として現れないので、集団の遺伝子総体（現代的な用語で言えば、遺伝子プール）の中に遺伝的負荷として生き残ることを明らかにしていた。彼らの研究はロシア以外ではほとんど知られていなかったが、ドブジャンスキーは故国で彼らと知己であったので高く評価し、それを本格的に発展させようと試みた。

ドブジャンスキーは、南北アメリカ大陸の各地へショウジョウバエの採集旅行を試み（ロシア博物学の伝統の継承者として彼は野外調査が大好きだった）、多数の地域集団を収集し、その遺伝子頻度を調べ、集団ごとに異なる突然変異が含まれそれらが進化的な変化の原材料になりうることを示したのである。

総合説確立におけるドブジャンスキーの役割は、理論の実証的な証拠を提供したことであった。言ってみれば、生物学者の世界に向かって集団遺伝学が進化の実験に使うことができる道具であることを、広く知らしめたのである。

後に彼は、実験室内でショウジョウバエの異なる地域品種を掛け合わせ、その子孫をランダムなグループに分けて継代飼育していくとそのグループ間に明確な違いが生じた。一九五八年から始めたある実験では五年後の一九六三年には、ついに交雑不可能な違いが生じることが明らかになった。ここに実験的な進化の実例が示されたのである。

総合説の確立には、これ以外にもいくつかの重要な貢献があった。エルンスト・マイヤーは、『分類学と種の起原』（一九四二年）で種分化のメカニズムとして生殖的隔離に基づく異所的種分化を提唱した。古生物学の分野からは、ジョージ・ゲイロード・シンプソンが『進化の速度と様式』（一九四四年）で、化石の証拠は直線的な進化ではなく分岐的であることを示した。その他、植物学者のレッドヤード・ステビンス、そして「新たな統合（New Synthesis）」や「現代的統合（Modern Synthesis）」という言葉を造り、総合学説のスポークスマンとしての役割を果たしたジュリアン・ハクスリー（トマスの孫）などを挙げることができる。

ドブジャンスキーの『遺伝学と種の起原』（一九三七年。増補改訂された一九七〇年の第四版は『進化過程の遺伝学』と改題された）は、総合説による進化の機構を体系的に説明したもので、総合説の普及に決定的な役割を果たした。

総合説はネオダーウィン主義とも呼ばれ、数々の批判があるとはいえ、現在の大多数の生物学者によって支持されている進化の理論の根幹である。その最も大きな筋書きの要点をまとめれば、進化は集団の遺伝子頻度の漸進的な変化として起こる。大進化も基本的には小進化の積み重ねによって説明できる。遺伝子の変異は突然変異および遺伝的組み換えによって生じ、その頻度は遺伝子の表現型を介しての自然淘汰によって変化する。異なる遺伝子頻度をもつ亜集団が地理的隔離その他の生殖的隔離状態に置かれて遺伝子の交流が断たれると集団の分離、すなわち種分化が起こる、などである。なお、現在の総合説は、自然淘汰一辺倒ではなく、中立説など新しい知見も取り込んで、より包括的なものになっている。

人種概念と優生学への警鐘

若い頃にダーウィンの『種の起原』を読んで以来、進化はドブジャンスキーにとって最も関心のあるテーマだった。ショウジョウバエの染色体転座の研究で成果を上げ、染色体地図の作成に成功した彼は、進化に取り組み始める。集団遺伝学的研究で総合説の確立に貢献したことは既に述べたが、自らがビザ問題で苦しめられたことから人種問題についても深い関心を寄せた。米国の人種問題は、黒人差別だけではない。トランプ大統領の大統領令がはしなくも露わにしたように、移民制限は米国の古くからの政治的課題であった。元々移民であったにもかかわらず、アングロサクソン系の米国人は自分たちだけが正統な米国人であるかのように振る舞い、ある時期からその他の民族を排斥するようになる。

米国の最初の帰化法（Naturalization Act of 1790）は、「善良な」白人にしか市民権を認めていなかったが、一八七〇年に制定された新たな帰化法でアフリカ系の人種にも市民権が認められるようになる。この新法の狙いは、解放された黒人奴隷を認知する一方で非白人、主として中国からの移民を排斥することにあった。この時点では、日本人移民はそれほど厳しく制限されなかったが、やがて一九二四年にアングロサクソン系以外の移民を事実上禁止する悪名高き移民法（Immigration Act of 1924）が制定される。この法律は、外国からの移民の受入数を、それぞれの国の人間が一八九〇年に米国で占めていた人口比率の二％以下に制限するというもので、アジア、東ヨーロッパ、南ヨーロッパからの移民は、事実上ほとんど不可能になった。

この法律制定の背景にあったのは、白人至上主義的な優生思想である。北方人種こそ偉大な人種であり（移民に対しておこなわれた知能テストの結果が人種による知能の差の根拠とされた）、文明の構築者であるがゆえに、偉大な人種の国としての米国を守るために、劣等人種の移民を阻止し、劣悪な人間の増加を優生学的に防がなければならないというのが彼らの主張だった。

この主張の誤りは、「人種」についての誤解にある。その誤りを正すことを目指して、ドブジャンスキーはいくつかの単行本を書いている。

一九五五年のL・C・ダンとの共著『遺伝・人種・社会』と一九六四年の『遺伝と人間』には日本語訳があり、特に前者は多くの言語に翻訳され、累計で一〇〇万部以上売れたベストセラーだった。この他に、『人類の進化』もあり、彼の人種観や人間観を知ることができる。

ドブジャンスキーは集団遺伝学者の本領を発揮して、「人種」が集団についての概念であり、個人についてのものではないことを強調する。生物学的には、人種は地域集団としての遺伝的特徴を表しているに過ぎない。他の地域集団から生殖的に隔離された地域集団は、特定の遺伝子の頻度が高くなったり低くなったりすることが起こり得る。外面からわかるような形質の違いをもつようになれば、亜種、あるいは別種とされる。

人間の地域集団についても、肌の色、髪の毛の縮れ方、頭骨の形などに顕著な差があり、人種と呼んで区別できるような集団は確かに存在する。しかし、他の動物における地域亜種と人種との決定的な違いは、人種の場合には歴史的にも現在も常に交雑があり、遺伝的に隔離されていないことであり、実際にすべての人種間で混血の子供をつくることができる。あくまで、すべての人種はヒトという一つの種の地域集団に過ぎないのである。

人種が集団的な概念であることの指摘は、俗流ナショナリズムを退ける上で重要である。「アメリカ人は○○である」、「白人は○○である」、「日本人は○○である」と言った表現は、その人種のすべてに当てはまるものではない。人種としてそうした傾向があることを示しているだけで、すべてのメンバーに当てはまるわけではない。たとえ、知能テストで白人の方が黒人よりも平均として値が高いとしても、黒人よりも低いＩＱ値をもつ白人はいくらでもいるのであり、あらゆる白人があらゆる黒人よりも頭が良いという主張は成り立たない（そもそもＩＱ値が本質的な意味で頭の良さの指標であるかどうか疑問があるし、テストの結果は教育や実施方法によっても変わることが明らかになっている）。

ドブジャンスキーが言うように、「人種間になんらかの能力差があるとしても、その偏差（振れ幅）は一つの人種内の偏差よりもずっと小さいのである」。したがって、個人の能力の判定を人種に基づいておこなうのは、根本的に誤っているのである。

さらに、ドブジャンスキーは当代の遺伝学の第一人者として、素朴な遺伝子決定論と環境決定論のいずれをも否定する。生物の形質が遺伝子によって支配されているのは事実だが、それが表現型として現れるにあたっては環境の影響があり、その度合いは形質によって異なる。ほとんど遺伝子によって決定される形質もあれば、環境の影響が圧倒的に大きいものもある。

このことは人類の進化を考える場合は特に重要で、文化的な形質（宗教や言語のような）は、遺伝子よりも環境の方が重要である。『人類の進化』の序言でこう述べている。

本書で、私が提出する論点は、人類が本性と「歴史」の両方をもつということである。人類進化は二つの成分をもつ。一つは生物学的あるいは個体的な成分、もう一つは文化的あるいは超個体的な成分である。両者は排他的でも、独立したものでもなく、互いに関連し依存しあっている。人類の進化は純粋な生物学的過程として理解することも、文化の歴史として適切に記述することもできない。それは生物学と文化の相互作用である（p.18）。

最後に、彼は優生学についても警鐘を鳴らす。優生学の目標は、ヘッケルの章で述べたように、悪い遺伝子の持ち主を駆逐する（あるいは良い遺伝子の持ち主の繁殖を推奨する）ことによって、人種の遺伝子を良いものだけにすることである。これには生物学的な問題点と倫理的な問題点がある。

生物学的には、遺伝子について良い悪いという判断は単純ではない。ハンチントン病遺伝子のように明らかにない方がいい遺伝子もあるが、病気の遺伝子といえども存在価値がないわけではないのだ。たとえば、鎌状赤血球遺伝子のように特殊な場合に役に立つものもある。生存に不利益をもたらす遺伝子でも、また、近視のように眼鏡という技術文明によって簡単に克服できるものもある。あるいは遺伝子の多面発現によって、他の形質に影響を及ぼすこともあり得る（たとえば、ある種の芸術的才能は統合失調症遺伝子と相関している可能性がある）。したがって、どの遺伝子を排除して、どの遺伝子を残すかという判断は簡単にできないのである。その上、それが劣性遺伝子であると表現型で区別できないので、外面的な形質に基づく優生学的処置によって排除はできない（現在はＤＮＡ解析によって保因者を識別できるが）。

そして、仮に人種の遺伝子集団から悪い遺伝子を駆逐することが可能であり、人類の進歩にとって有効であることが実証されたとしても（先に述べたような理由で優生学的な方法が有効である可能性は極めて小さいが）、優生学の実行には大きな倫理的な問題がある。それは不都合な遺伝子をもつ個人の断種ないし抹殺を意味するからである。ドブジャンスキーは、一九六一年の『アメリカン・サイエンティスト』誌に寄せた「人間と自然淘汰」という論文で、次のように述べている。

もし私たちに、病弱者や奇形を生かしてその数を増やすことができるとすれば、遺伝的な衰退に直面することが予測される。しかし、彼らを救い、助けることができるにもかかわらず、死に至らしめ、苦しむままにするとすれば、間違いなく道徳的衰退に直面することになるだろう。

ルイセンコ批判

ルイセンコ論争は、二〇世紀後半における科学史上の大スキャンダルであるが、もはや歴史上の出来事として、多くの人々の記憶から忘れ去られている。詳細については、それを扱った『ルイセンコ学説の興亡』と『日本のルイセンコ論争』を読んでいただきたいが、簡単にその経緯を述べてみたい。

ルイセンコ論争は、生物学上の論争というよりは政治的論争の色合いが強い。ロフィム・デニソヴィッチ・ルイセンコの生物学的な主張はつまるところ獲得形質の遺伝であるが、ルイセンコが根拠としたのは園芸育種家イヴァン・ミチューリンの春化処理実践だけだった。これは、麦の種子を一定期間低温にさらすことによって、秋蒔き小麦を春蒔き小麦にできるというものだが、これ自体は科学的根拠のあるもので、ミチューリンは多数の新品種を作り出した優れた農業実践者であった。しかし、ルイセンコは、そこから確たるデータもないまま、生物は内在的な変異性をもち、環境によって導かれた変異は遺伝するという生物観を打ち立て、春化処理農法（ヤロビ農法）こそソヴィエト農業の救世主だと喧伝した。

彼は自らの育種実験の成果を論文にするが、ソ連遺伝学の大家ヴァヴィロフらによって実験の杜撰さを指摘され、激しく批判された。そこで彼は、学問的論争をイデオロギー論争に転換することで反撃に出た。一九三五年の全ソ・コルホーズ大会において、こう演説したと『プラウダ』は報じている。

……同志諸君、春化処理の階級戦線に階級闘争はなかったであろうか、コルホーズには、「種子を水に漬けるな、駄目になるぞ！」と農民に「ささやく」富農とその煽動者がいた（彼らのみでなく、すべての階級の敵がそうした）。科学の分野においてだけでなく、そのほかの分野においても、コルホーズ農民を助けるかわりに、破壊活動をおこなったのは、このような「ささやき」であり、富農や怠業者ペテンであった。階級の敵は、科学者であると否とにかかわらず常に階級の敵である（『ルイセンコ学説の興亡』26ページ）

一九三四年に権力を掌握し、「反革命」、「人民の敵」というレッテル貼りで政敵を次々と粛清していったスターリンは、農工業の飛躍的な発展を目指す第一次五カ年計画を発足させたばかりであったから、この演説を非常に喜び、「ブラボー、同志ルイセンコ、ブラボー」と叫んだと伝えられている。こうして、スターリンの独裁権力と寄り添うことによって、ルイセンコ説に対する科学的反論は、反動、反革命のレッテルを貼られることになった。そして、ヴァヴィロフをはじめとする正統的な遺伝学者は、学会から追放ないし投獄されていくことになる。そして、ロシアにおいて遺伝学は教えることも研究することも不可能となり、学者たちは迫害された。

一九五三年のスターリンの死後、実践的な理由から医学遺伝学は復活を遂げ、ルイセンコ主義の呪縛は解け始めるが、フルシチョフ書記長の時代に再びルイセンコ派の巻き返しがあり、正統派遺伝学が復活するのは、一九六四年にフルシチョフが書記長が解任されるまで待たねばならなかった。

科学的な証拠がないにもかかわらず、ルイセンコ主義がかくも長らえたのには大きく二つの理由がある。一つはラマルクの章で述べたように、獲得形質の遺伝という考え方が、社会主義や進歩主義と親和性が強いことであり、日本においても左派陣営にルイセンコ主義の支持者が多かったのもそのゆえである。もう一つは、「社会主義の優位性」を世界に示すために、農業生産性の向上は最も有力な手段であり、ルイセンコ一派は自らのヤロビ農法の成果を示す数字を発表していたことである（ルイセンコ罷免後にその数字の大部分がでっち上げ、ないし捏造であることが判明する）。同じ趣旨で、ヤロビ農法を採用した中国および北朝鮮の大躍進政策も、最終的に大失敗に終わり飢饉に見舞われるという結末をたどった。

ルイセンコが学界を牛耳る間、ドブジャンスキーの師や友人を含めて多くの生物学者・

農学者が弾圧を受けた。ドブジャンスキーにとっては、元ロシア人として、そしてメンデル＝モーガン遺伝学の指導者として、これは看過しえない事態だった。ドブジャンスキーは、一九四五年にルイセンコの『遺伝と変異性』を英語に翻訳して紹介するとともに、その学問的誤りを厳しく批判した。それだけでなく、一九四六年から一九六四年まで、ルイセンコ遺伝学批判の論文を様々な雑誌に少なくとも十一編は書いている。

進化の光の下で見なければ、あらゆる生物学は意味をなさない

この有名な文句は、ドブジャンスキーが一九七三年に書いた論文の表題であり、元々は全米生物学教師連合でおこなわれた講演だった。講演場所から直ちにわかるように、これは生物学の教師たちに向けられたものであった。そこに込められた彼の意図は、この時代の米国の進化論という光の下で見なければ意味をなさない。彼が問題にしたのは、この時代の米国の進化論教育だった。

多くの人が指摘しているように、米国における進化論普及にとって、最大の障壁はキリスト教原理主義者による反対運動だった。一九二〇年代に、原理主義者たちは、進化論は神の教えである創造説に反するので、公立学校で教えてはならないという反進化論法を各地で制定した。その違法性を問うたのが、有名な一九二五年のスコープス裁判である。テネシー州のレイ・セントラル高校の代用教員であったスコープスは、授業で進化論を教え

て逮捕されるが、全米自由人権教会が後ろ盾となって、反進化論法の違法性を訴えて裁判を起こした。一審では有罪となり、罰金一〇〇ドルが課されたが、州の最高裁で罰金額が不当であるという理由で裁判自体が無効となった。このために、巷間ではスコープスの勝利のごとく受け取られたが、反進化論法の法的正当性の審議はされないままに終わった。

実際には、この裁判の影響からすれば、反進化論の側の勝利だった。スティーヴン・ジェイ・グールドが『ニワトリの歯』の第二十一章で述べているように、この裁判を通じて、各地の原理主義者たちは反進化論キャンペーンを張り、教科書会社は進化論の記述を自粛したからである。グールドが一九五六年に高校学校で習った生物学の教科書は、トルーマン・J・ムーン他二名による『現代生物学』であるが、これは元々ムーンの単著だった一九二一年の『生物学入門』を改訂したものだった。グールドは、両者の進化論に関する記述を比較して、その後退ぶりを明らかにしている。

『生物学入門』では、口絵にダーウィンの肖像が掲げられ、まえがきに、「本書では、生物学は単一の科学であり、植物学、動物学、衛生学の一部を無理矢理組み合わせたものではなく、進化という根本的な概念に基づいて統一されたものであるという事実が強調されている」と宣言され、第三十五章は「進化の方法」に充てられている。

『現代生物学』では、口絵はビーバーの絵に置き換えられ、進化についてはまったく触れられず、「品種の発達に関する仮説」と呼ばれるものについて、わずかに言及されているだけである。教科書におけるこのような進化論無視はその後も続くが、一九五七年のソ連によるスプートニク一号の打ち上げ成功のニュースで、状況は一変した。これは、自国の科学技術の先進性を確信していた米国民に衝撃を与えた。政府は、科学教育の見直しを迫られ、その結果、反進化論運動は下火になり、進化論教育は息を吹き返す。

しかし、一九七〇年代から八〇年代にかけて、社会の保守化にともなって、一部の州では創造論を「創造科学」と呼んで、公立学校で進化論と対等の理論として教えるべきだとする新しい反進化論の動きが現れ始めた。ドブジャンスキーの講演は、こうした状況の下で、進化論の正しさを納得させるためにおこなわれたのである。

彼は、まず一九六六年にイスラム教の教主アブドルアジズ・ビン・バズがサウジアラビア王に、地動説を禁止するように訴えたエピソードを取り上げる。忠実なイスラム教徒は、コーランの教えに従って、太陽が地球の周りを回ると信じているのだから、地動説のような異教は禁じるべきだというのだ。コペルニクスの地動説は「単なる理論」に過ぎず、事実ではないというのが、ビン・ハズの論拠だった。それに対して、ドブジャンスキーは、理論とは、一つの事実によってではなく、多数の事実によって妥当性を証明できるものだと言う。地動説は、地球が丸いことのように直接の観察によって証明できないにしても、宇宙に関わるすべての観測結果は、そのモデルが正しいことを科学者に受け入れさせる。

進化論批判についても同じ論法が用いられ、進化論は「単なる理論」に過ぎないという言説が今日でも見られる。しかし、生物学のあらゆる現象は進化論が正しいことを示している と説く。具体的な例として、第一に生命の多様性がある。大きさ、形態、生活様式が著しく異なる数百万種の生物が、あらゆる生息環境で見られる。第二に、にもかかわらず、それを構成する細胞、タンパク質、遺伝物質（DNAおよびRNA）には驚くほどの共通性がある。第三に、比較解剖学や発生学は、類縁の近いものの間に強い類似性があることを示している。こうした事実は単一の祖先から、自然淘汰を通じて次第に枝分かれしていったと証拠と考えることによってのみ、整合性をもって説明できる。

そして、その具体的な事例として、ハワイ諸島におけるショウジョウバエの適応放散の例を示す。全世界で約二〇〇〇種のショウジョウバエがいるが、その四分の一がハワイ諸島に生息し、一七種を除いてすべて固有種である。これは、火山列島であるハワイ諸島が順次形成されていくのにつれて、単一の祖先から、それぞれの島の固有の生息環境に適応していったのである。

こうして、ドブジャンスキーは、進化論は単なる仮説や理論ではなく、普遍的な法則であり、進化は神の創造の仕方なのだと言い、ティヤール・ド・シャルダンを引き合いに出しつつ、自身は敬虔なロシア正教徒であるが、キリスト教徒であることと、進化論者であることは矛盾しないと宣言する。しかるがゆえに、あらゆる生物現象は進化の光に照らして見なければ意味をなさないのだと。

しかし、このドブジャンスキーの講演には、もう一つの時代的背景があった。科学哲学者リチャード・ブライアンが指摘しているように、それは分子生物学の方法論に対するナチュラリストとしての進化学宣言でもあったのだ。

一九五三年のワトソン・クリックの二重らせんモデルの提唱を機に、分子生物学は爆発的な発展を遂げる。一九六〇年代に遺伝暗号の解読、一九七〇年代には遺伝子組み換えが可能になった。この発展を担った研究者の中には物理学からの転向者が多く、その方法も、主として大腸菌とファージを用いた物理化学的なものであった。当時は、生物学の問題もすべて物理学の方法で解けるのだといわんばかりの雰囲気で、物理帝国主義の生物学への侵略と受け取った生物学者も少なくなかった。

筆者個人の自己批判的な回顧をすれば、実験系の科学者を目指していた大学院生時代、フィールド系の大学院生が進化が大事だとしばしば発言するのに冷笑的だった覚えがある。実験系の研究では、進化のことなど考えなくとも、いやむしろ考えない方が仕事ははかどった。いまやＤＮＡが進化研究の中心的な役割を担っていることを考えれば、信じがたいような気もするが、それが嘘偽りのない当時の気分だった。

そうした中で、ドブジャンスキーがすべては進化の光の下で見なければならないと言ったことの意味は大きい。大学や研究機関で分子生物学の講座や研究室が続々と開設される中で、当時の米国では進化学の講座は指折り数えるほどしかなかった。生物学の現象として大切なことは、分子遺伝学だけではない。この多様な生物世界がどのようにして形成されたか、その解明こそが生物学の目的ではないかと、総合説の提唱者の一人としてドブジャンスキーは叫んでいたのだ。

ファージと大腸菌の系では、個体変異は問題にならず、遺伝子あるいはその発現としてのタンパク質の突然変異だけに関心が寄せられたが、生物は単なる個体としてではなく、遺伝子集団の一員として、環境との相互作用の中で生きている。その実態を明らかにできるのは進化論的な視点しかないのである。

人間と放射能

ショウジョウバエ遺伝学の発展において、人為的に突然変異を誘発する手法をハーマン・マラーが確立したことは重要である。遺伝子の作用を研究するには、突然変異体が不可欠である。モーガン一派は初期に、野生の個体群から突然変異個体を探し出していたが、自然の突然変異発生率は極めて低いので、大変な労力をかけても成果は乏しかった。何らかの刺激によって突然変異を誘発する試みはそれ以前にもあったが、マラーの手法は対照群を用いた科学的なもので、X線量と突然変異発生率の関係を定量化することができ（ショウジョウバエには突然変異修復機構がないので、他の生物よりも放射線照射による突然変異発生率が高い）、この功績によってマラーは一九六四年度のノーベル生理学医学賞を受賞した。

人為的な突然変異の誘発によって、ショウジョウバエ遺伝学は飛躍的に進展し、とりわけ染色体地図の作成に大きな貢献をした。ドブジャンスキーも当然ながら、そうした突然変異体を使って研究したので、放射線のもつ突然変異誘発効果をよく知っていた。そして、放射線が人体に及ぼす有害な作用について、初めて公に発言した科学者の一人となった。

一九四六年に出版されたL・C・ダンとの共著による『遺伝・人種・社会』では、X線の使用による有害突然変異の増加について警告し、原子兵器のもたらす恐るべき危険性について警鐘を鳴らしているだけだが（前年広島・長崎への原爆投下があったにもかかわらず、そのことについては一切具体的に言及していない）、一九六四年に出版された『遺伝と人間』では、より詳細にその危険性を述べている、

現在では、すべての高エネルギーの、つまり透過性の強いイオン化放射線は突然変異を誘起するということが知られています。つまり、放射線を受けた個体の子孫には突然変異の出現頻度が増加するのです。突然変異を誘起しやすい放射線は、X線やラジウムのガンマ線や核兵器実験による放射性降下物、原爆の灰や原子炉や原子核破壊装置から出る放射線等々です。

高エネルギー放射線が生体に引き起こす障害は二つの種類に分けることができます。

すなわち、生理的障害と遺伝的障害です。生理的障害には、放射線による火傷、放射線病、放射線による死（これらは照射後、比較的早く出てきます）と、悪性腫瘍のような後遺症があります。遺伝的障害は生殖組織の中で誘発され、子孫に伝えられる突然変異を含んでいます。生理的障害はどんなに痛ましいものであろうとも、放射線を受けた世代に限られます。その傷は、傷を受けた人と一緒に消えてしまいます。しかし、遺伝的障害は放射線を受けた人の子孫に、しかも被爆後何世代にもわたって障害を与えるものです。生理的障害と遺伝的障害のもう一つの違いも大切なことです。微量の放射線は、生理的には何ら障害はありません。というのは生理的障害には、それを生じる最少危険閾値があるからです。ところが、遺伝的障害はそうはいきません。誘起される突然変異の数は放射線の量に比例します。障害が起こらないような放射線の最少値、つまり「安全な値」というものはないのです（杉野義信・杉野奈保野訳）。

このように、核兵器や原子力発電が秘める危険性について、はっきりと警告していたにもかかわらず、彼が死んで十数年後の一九八六年四月に悲劇的な事故が起きた。それも、ドブジャンスキーの故郷キエフからわずか一三〇キロメートルしか離れていないチェルノブィリ（正しい発音はチョルノーブィリらしい）の原子力発電所においてだった。その被害の全容がまだ完全には捉えきれていない二〇一一年三月十一日に、日本の福島第一原子力発電所で、地震と津波が引き金となった未曾有の大事故が起き、周辺の広範な地域が放射能に汚染された。幸い、放射線被曝の直接的な影響による死者はいまのところ知られていないが、長期的な影響は予測できず、溶融した炉心や汚染水の最終的な処理の目途は現在のところまったく立っていない。

人類に数々の利便をもたらした技術文明が、人類進化の一つの証であるとすれば、こうした文明がもたらす災厄もまた、人類進化の証なのだろうか。

結び　進化論の現在

様々な進化論

本文に述べたように、現在では総合説がほとんどの生物学者によって支持されているが、歴史的には様々な進化論が存在した。本書を締めくくるにあたって、主要なものについて、その概略を見ておくことにしよう。

創造説：聖書（キリスト教だけでなくユダヤ教やイスラム教でも）に書かれていることが絶対的に正しいとする立場から、種は神によって完全なものとして個別に創造されたと信じ、したがって進化を否定する。主たる論拠の一つに、眼のような完全な器官が突然変異によって生まれるわけはなく、神の意図（デザイン）が介在しているとしか考えられないとする主張がある。しかし、これは進化論に対する誤解にすぎない。人間の眼は一挙に進化したわけではなく、自然界に実例があるように、明暗のみを識別できる原始的な眼からいくつもの段階を経て、しだいに複雑な眼が進化したのである。いずれにせよ、聖書の創造の六日間を字義通りに受け取るのは、現在のあらゆる生物学的・地球科学的知見に反する。

ID（インテリジェント・デザイン説）：創造の主を神ではなく「偉大なる知性」とすることで、宗教色を弱めた創造説。こちらでも「還元不可能な複雑さ」をもつ器官が進化によって生じ得ないというのを論拠にするが、やはり進化論の不勉強を露呈しているにすぎない。創造説にしろＩＤ説にしろ、最終的には、神あるいは「偉大なる知性」はどのようにして出現したのかという問いに答える必要がある。

有神論的進化論：科学的事実としての進化は認めるが、神の存在も認める立場で、進化的性質は神が創造したと考える。古くはエイサ・グレイのものが有名だが、現在でも信仰をもつ生物学者でこういう考をもつ人は多い。カトリックのローマ教皇もこの考えを容認している。

ラマルク進化論：本文で説明したように、獲得形質の遺伝を進化の要因考える説で、用不用説とも言われる。現在では、獲得形質の遺伝は遺伝学的に否定されている。ラマルクはそれ以外にも生物の高等に向かう内在的傾向も認めていたので、定向進化論の要素も含んでいた。

天変地異説（激変説）：地層とそこに含まれる化石の年代による変化を説明するためにキュヴィエが提唱した説で、進化論というよりは、進化否定論で、地球は幾度かの天変地異に見舞われ、化石はその際に絶滅した生物であり、化石生物相の変遷は連続した変異を示す証拠ではないとした。天変地異説は一時期有力であったが、地質学の理論としてライエルの斉一説（漸進説）に取って代わられ、一九世紀には影響力を失った。しかし、地質時代に何度か大量絶滅が起こり、進化に大きな役割を果たしたことは証拠によって裏づけられている

ネオ・ラマルク主義∵ダーウィンの自然淘汰説が登場してのちに、進化の主要な要因として獲得形質の遺伝を主張した学派。突然変異を進化の主要因とする自然淘汰説では、前進的な進化は達成できず、生物に進化の主体性があるはずという立場。米国の古生物学者エドワード・コープなどが唱えた。ヘッケルの反復説、ルイセンコの唱えたミチューリン主義、あるいは今西進化論も広い意味ではこの範疇に入る。ラマルク説と同様、科学的な根拠がないために否定されている。ただし、否定の根拠のひとつとなった分子生物学のセントラル・ドグマには例外があり、逆転写酵素によるＲＮＡ→ＤＮＡという経路があることを根拠に獲得形質の遺伝を主張する学者もいる。また、近年エピジェネティックな遺伝的修飾が、数世代遺伝する例が知られており、獲得形質の遺伝が一〇〇％否定されたわけではないが、進化の要因と認められるような要素はない。

定向進化論∵化石には、たとえばウマの進化で、年代とともに化石が大型化するとともに足指の数がしだいに少なくなるといった方向性のある傾向が見られる。このことから、進

化は内在的に方向付けられていると考える仮説。セオドア・アイマー、エドワード・コープ、ヘンリー・オズボーンなど主として古生物学者によって主張された。化石動物には、オオツノシカの角やマンモスの牙のように大きくなりすぎて絶滅したと考えられる例が存在する。進化が適応的だとする説明がつかないが、定向進化説では説明できるとされた。

しかし、その後、こうした定向性は科学的に説明がつくことが明らかになり、現在では認められていない。ウマの例では、化石の恣意的な配列で定向性があるように見えるだけで、細かく調べてみれば、個々の種の進化には定向性は見られない。マンモスの牙やオオツノシカの角の場合、確かに巨大化の傾向は見られるが、それは雌の選り好みによる性淘汰の一種の暴走（ランナウェイ）として説明できる。

突然変異説：進化の原動力は連続的な変異に働く自然淘汰による前進的変化ではなく、突然変異だとする説で、メンデルの遺伝法則を再発見した三人のうちの一人、ユーゴー・ド・フリースが提唱した。彼はオオマツヨイグサで突然変異による新種（倍数化による変異であったと考えられている）を発見し、量的な突然変異よりもこうした劇的な変異の出現が重要であると考えた。一時期、突然変異説論者とダーウィン主義者のあいだで激しい論争があったが、集団遺伝学の発展によって、現在では両者は総合説として統合されている。

跳躍説：突然変異説の変形で、一世代で大規模な変化が起こることが、進化の要因だとする説で、トマス・ハクスリーもこの立場だった。最も極端な跳躍説はリチャード・ゴールドシュミットの「有望な怪物」説で、彼は爬虫類の卵から最初の鳥類の雛が孵ったというような極端なケースを考えていた。しかし、新しい機能をもつ器官を一回の突然変異で形成するためには、膨大な数の遺伝子の突然変異が同時に起こる必要があり、それが起こる確率は天文学的に小さい。またたとえ、一個体にそういう突然変異が起きたとしても、繁殖は不可能だし、種社会のなかで生きていくことさえ困難であろう。そうした理由で、この説は否定される。

ウイルス進化論：これも一種の突然変異説であるが、その突然変異がウイルスによる遺伝子水平伝播によるとする説。ウイルスによる遺伝子の水平移動の例は知られているが、それが進化の主因となることを裏付ける実証的データは存在しない。

中立進化説：木村資生らによって提唱された理論で、分子進化においては、ほとんどの変異は生存上有利でも不利でもなく、中立的であり、その進化に自然淘汰は関与せず、集団内でその変異が定着するのは、もっぱら遺伝的浮動という偶然の作用によるとする。分子的変異はＤＮＡ複製時のコピーミスによるもので、確率的な事象であるため、一定の速度で起こるので、この変化速度を分子時計として使うことができる。

中立説は当初、自然淘汰説を否定するものと考えられ、大きな論争を呼んだが、中立的な変異も、その表現型によっては自然淘汰の作用を受けることが明らかになり、現在では並立する理論として、統合され、木村の弟子の太田朋子は、変異が自然淘汰の影響を受けるかどうかは集団の大きさに依存することを明らかにし、「ほぼ中立説」を唱え、これによって対立はほぼ決着した。

共生進化論：リン・マーギュリスが唱えた説で、競争を中心とするダーウィン主義に反対し、共生こそが進化の原動力だとする。彼女が依拠するのは、真核生物の誕生が、共生の結果であり、真核細胞のミトコンドリアおよび葉緑体は共生細菌に由来するという事実である。このことは、実証的に証明されているが、生物一般の進化を説明する理論とはなりえない。

断続平衡説：S・J・グールドとN・エルドリッジが唱えた説で、化石の証拠から、進化は均一な速度で漸進的に進むのではなく、急激に進行する時期とほとんど変化しない停滞期（平衡期）があるという説。グールドらは、停滞期の理由として進化的制約を強調し、大進化が小進化の積み重ねによることを否定した。この現象自体はおそらく正しいのだろうが、進化速度が一様でないと考えれば漸進説と矛盾しない。この議論には、化石における種の定義など、解決すべき問題が残っている。

現代総合説から見た進化

ダーウィン進化論と現代総合説の最大の違いは、ダーウィンには遺伝学の情報がなかったという点である。個体に生じた変異が集団（種）の変異となるプロセスを明らかにしたのは集団遺伝学の功績である。自然淘汰は個体のレベルで働くが、それが種の進化をもたらすためには、その変異をもたらす遺伝子が集団の遺伝子プールで多数を占めるようにならなければならない。結果として、自然淘汰は遺伝子を選別することになる。

したがって、総合説は、遺伝子中心主義の進化観をもち、基本的に、小さな遺伝的変化が自然淘汰によって累積していくことによって、漸進的に進化が起こると考える。この遺伝子中心主義の視点によって、個体レベルの自然淘汰では説明が困難であった利他行動の進化が説明できる。その考え方を最も端的に表現したのが、ドーキンスの利己的遺伝子説である。個体にとって不利益をもたらす行動でも、その個体の遺伝子にとって有利であれば、その行動は進化できるという主張である。

変異の原因：変異の要因としては有性生殖による遺伝的組み換えと突然変異がある。突然変異はとりわけ珍しい現象ではなく、大まかに次の三つのレベルで起きる。

① **遺伝子レベル**：これはＤＮＡ複製のミスによって起こるもので、複製が化学的な反応であるがゆえに確率的に生じるが、放射線量や誘因化学物質によって確率は増加しうる。最も基本的なものは塩基一文字の置換で、結果として、アミノ酸およびタンパク質の変異を生じる。ほかに塩基の欠失や挿入もあり、それが三文字単位の暗号読み取りを

乱し（フレームシフト突然変異）、正常な遺伝子情報が発現しなくなることもある。同じ塩基配列が繰り返される（重複）や、特定の塩基配列が逆向きにつながれる（逆位）場合もある。その他、トランスポゾンによるゲノム内の遺伝子転移もある。こうした変異が重大な障害をもたらせば、その変異をもつ個体は生き残れないが、その変異が生存に関係なければ、中立的な変異として遺伝子の中に残り、将来の進化に活用されることが可能になる。

②染色体レベル：これは、主として減数分裂の際の交叉のミスによって起こるもので、染色体の特定の部分が失われ（欠失）たり、他の染色体の一部が入り込む（挿入）、染色体の一部が逆向きにつながる（逆位）、染色体の一部が本来の位置から別の位置に移る（転座）といったものが見られる。結果として、様々な異常や疾患を引き起こす。

また染色体の分離が不完全なために、特定の染色体が一本多かったり、少なかったりするという数的異常も起こりうる。ダウン症は二一番染色体が一本多いことによる病気の例である。

③ゲノム・レベル：それぞれの生物のゲノムは固有の染色体数によって構成されているが、細胞分裂の際に、ゲノム倍加が起こったのちに細胞の分裂が阻害されると、二倍のゲノムをもつ細胞ができ、倍数化が起きる。染色体数の倍加は動物ではあまり見られないが、植物では頻繁に見られ、三倍体や四倍体などもある。倍数体は新しい品種や種

の出現をもたらし、植物の進化において重要な役割を果たしている。

変異の広がり方：進化が起きるためには、個体に起きた変異が、集団（種）全体にひろがらなければならない。それには主として次の三つの機構が考えられる。

① **自然淘汰**：最も普遍的な過程。変異がその個体にとって有利なものであれば、その個体の子孫は自然淘汰によって繁栄するので、その変異をもつ個体の数が増えることによって、その変異を生じる遺伝子が遺伝子集団の中で多数を占めるようになる。

② **性淘汰**：異性をめぐる競争によってもたらされる進化。自然淘汰の一部と考えることもできる。異性の選択が同性間の単純な競争（闘争によって強い雄が交尾権を獲得する）による場合は、闘争のための武器の進化を生じる。繁殖に際して、一方の性（雌の場合が多い）、他方の性の特定の変異を選り好みすることによって、特定の形質が進化する場合には、選り好みの基準が何であるかが問われる。ハンディキャップ説では、余分な角や装飾的な羽根をもつという負担に耐えることができる雄は雌にとって優れた配偶者の基準になるという仮説。ランナウェイ説は、性淘汰によっていったんある形質に対する配偶相手の好みが集団内に広まると、その後はそういう形質をもつ個体しか繁殖できなくなり、その結果としてその形質が無意味に拡大されていくという仮説。

③ **遺伝的浮動**：有限集団では、次世代に伝えられる遺伝子の頻度の増大は、確率論的

なゆらぎを生じ、世代を重ねるうちに、生存上の利益とは無関係に、特定の遺伝子の頻度の増大が生じること。集団が小さいほど遺伝的浮動は起こりやすく、特に元の集団から隔離された少数の個体から新たな集団が形成される場合には、元の集団と異なる遺伝子プールができやすく、それを創始者効果と呼ぶ。

種分化：特定の変異が集団内に広がるだけでは、新種はできない。新しい種ができるためには、もとの種あるいは変種との交雑がなくならなければならない。これを「隔離」と呼ぶが、主なものとして次の二つがある。

① **地理的隔離**：海や河川、あるいは高山や砂漠といった障壁によって生息域が隔てられること。これによって遺伝子の交流が妨げられ、遺伝的浮動によって、新たな遺伝子プールをもつ集団が形成される。

② **生殖的隔離**：隣接する二つの集団で、形態的・生態的な相違が著しく大きくなり、交雑ができなくなること。あるいは二つの集団の出会いがなんらかの理由で妨げられる場合にも起こる。

進化論の現在

ダーウィンの『種の起原』から一五〇年以上経った現在、いまだに進化論を信じない宗教的原理主義者は別にして、学説としての進化論（総合説）を認めない生物学者はほとんどいない。進化論の正しさを裏付ける証拠は、それこそ山のようにあるが、近年ではいくつか決定的な新証拠が出てきている。

一つは、現在進行中の進化の実例が見つかっていることである。一般に進化は何十万年、何百万年を要する過程だと考えられてきたが、急激な環境の変化があれば、巣世代のうちに適応的な変異が生じることが、進化生態学者たちによって明らかにされている。たとえば、ハワイにいるナンヨウエンマコオロギは、元々オセアニアの原産で雄が美しい声で鳴いて、雌を呼び寄せて繁殖するのだが、ハワイにはこの鳴き声を聞きつけてコオロギの体に卵を産みつけて幼虫が体内から食べてしまう寄生バエがいる。それに対抗するため、鳴かないという突然変異をもつコオロギが出現し、二つの島ではわずか二十世代で、半数近くが鳴かない個体群となり、それに応じて翅の形態も変わってしまった。

他にも、現在進行中の進化の実例としては、サンザシミバエがリンゴの木を食草とするようになってリンゴミバエが分岐したこと。ロンドン地下鉄内に生息するようになったアカイエカの繁殖習性や食性が変わり別種（チカイエカ）なった例、ビクトリア湖のグッピーの短期間における適応放散、ヨーロッパのズグロムシクイの越冬地の変化による分化などいくつもの事例が、次々と報告されている。

もう一つは分子的な証拠で、ヒトゲノム計画によって、人間のＤＮＡの塩基配列が解読されただけでなく、あらゆる生物のゲノム解析がなされたことである。それによって、系統進化の実態が遺伝子レベルであきらかになってきた。その結果、現生種の形態の違いだけをもとにしてきた系統分類学が大幅に書き換えられている。たとえば、ウシ、キリン、イノシシ、ラクダ、カバなどは従来、偶蹄目というグループにまとめられてきたが、遺伝子解析の結果、クジラ類がカバに最も類縁が近いことがわかり、クジラ目と合体して、鯨偶蹄目とされることになった。さらに従来、鰭脚目として独立のグループとされていたオットセイ、アザラシ、セイウチなどは、イタチに近い仲間であることが判明して、イヌやネコ、クマなどと同じ食肉目に統合されている。過去に起こった進化は再現不可能であるが、ゲノムには、それぞれの種の変遷の歴史が、ＤＮＡの文字として記録されているのであり、適切な手段をもってすれば、それを読み解くことができるのである。

一例としてヒトの色覚の進化をとりあげてみよう。脊椎動物の中でも爬虫類や鳥類、魚類などは三色系ないし、四色系の色覚をもっていたのだが、哺乳類はもっぱら嗅覚に頼る生活に転じたために、その遺伝子を失い、二色でしかものを見ることができなくなった。その哺乳類のなかから、霊長類が進化するときに、三色の色覚を新たな突然変異によって取り戻した。おそらく樹上生活をする霊長類にとって、森の中の果実を見つける上で、生存上の利益があったからであろう。

この二色系から三色系の進化については、遺伝学的な詳細が明らかになっている。三色色覚は反応する波長が微妙に異なる三種類の錐体によって成りたっている。これは錐体を構成するオプシン分子のアミノ酸の違いにより、便宜的に、青錐体、緑錐体、赤錐体と呼ばれ、それぞれ異なる遺伝子によって支配されている。ヒトでは、青錐体の遺伝子は七番染色体、緑錐体と赤錐体の遺伝子はX染色体にある（霊長類以外の哺乳類は青錐体と、X染色体上のどちらか一つしかもたない）。もともとのオプシン遺伝子は七番染色体のもので、この少し変異したコピーが、突然変異によって、X染色体に移動（転座）し、緑錐体と赤錐体に変異し、霊長類においてこの二つが染色体上で並列するようになった経過が明らかになっている。ここまでは比較的知られた話だが、興味深いのは、世界の女性の何割かで、X染色体上に第四のオプシン遺伝子をもつことが判明している。そういう女性に世界がどのように見えているのか、よくわかっていないのだが、もしその四色色覚に生存上何らかの利益があれば、ヒトにおいて、色覚の進化がこれから起こるという可能性もある。

肉眼で見える現象だけから、ダーウィンは進化論を構築したのだが、二一世紀の今日では、顕微鏡や化学的手段によってでしか見ることのできない分子の世界の証拠によって、彼の洞察が実証されているのである。

参照文献

【全般】
木村陽二郎『ナチュラリストの系譜』（中央公論社）
西村三郎『文明の中の博物学（上下）』（紀伊國屋書店）
ピーター・ボウラー『ダーウィン革命の神話』（松永俊男訳、朝日新聞社）
ピーター・ボウラー『進化思想の歴史（上下）』（鈴木善次ほか訳、朝日新聞社）
八杉龍一『近代進化思想史』（中央公論社）
八杉龍一『生物学の歴史（上下）』（ＮＨＫブックス）
八杉龍一編訳『ダーウィニズム論集』（岩波文庫）
Mayr,Ernst, The Growth of Biological Thought: Diversity, Evolution, and Inheritance, The Belknap Press of Harvard University Press, Cambridge, Massachusetts, London, England, 1982

【序論】
内井惣七『ダーウィンの思想――人間と動物のあいだ』（岩波新書）
チャールズ・ダーウィン『種の起原』（八杉龍一訳、岩波文庫）
チャールズ・ダーウィン『種の起源』（渡辺政隆訳、光文社古典新訳文庫）
エイドリアン・デズモンド／ジェイムズ・ムーア『ダーウィン――世界を変えたナチュラリストの生涯』（渡辺政隆訳、工作舎）
ノラ・バーロウ篇『ダーウィン自伝』（八杉龍一、江上生子訳、ちくま学芸文庫）
八杉龍一『ダーウィンの生涯』（岩波新書）
ランドル・ケインズ『ダーウィンと家族の絆』（渡辺政隆・松下展子訳、白日社）

【第1章】
坂口治子「ミシュレとラマルク」(『首都大学東京人文学報』、フランス文学(391):89-112)
イヴ・ドゥランジュ『ラマルク伝――忘れられた進化論の先駆者』(ベカエール直美訳、平凡社)
M・バルテルミ=マドール『ラマルクと進化論』(横山輝雄・寺田元一訳、朝日新聞社)
ラマルク『動物哲学』(小泉丹・山田吉彦訳、岩波文庫)
ラマルク『ラマルク――動物哲学』(高橋達明訳、木村陽二郎編集、朝日出版社)
Packard, Alpheus S., Lamarck, the founder of evolution, Longmans,Green, and Co. New York, London, and Bombay(ウェブ上で読むことができる。http://www.gutenberg.org/files/20556/20556-h/20556-h.htm)

【第2章】
トビー・A・アペル『アカデミー論争――革命前後のパリを揺るがせたナチュラリストたち』(西村顕治訳、時空出版)
J・P・エッカーマン『ゲーテとの対話』(山下肇訳、岩波文庫)
Mccarthy, Eugene, M., "Baron Georges Cuvier Biography"(http://www.macroevolution.net/cuvier.html#.VJf9_VLYC9R))。
Cuvier, G. 1827. Essay on the theory of the earth. (5th edition), London: T. Cadell. = Théorie de la terre の英語訳(https://archive.org/details/essaysontheorye00jamegoog)
Cuvier, G. & Lateille,P.A.,1834. The animal kingdom, arranged according to its organization, serving as a foundation for the natural history of animals : and an introduction to comparative anatomy = Le règne animal distribué d'après son organisation est une collection d'ouvrages écrits au xixe siècle par Cuvier pour servir de base à l'histoire naturelle des animaux et d'introduction à l'anatomie comparée の英語訳
Cuvier, G. 1825.Discourse on the revolutionary upheavals on the surface of the globe = Discours sur les

révolutions de la surface du globe の 英 語 訳（http://www.victorianweb.org/science/science_texts/cuvier/cuvier-e.htm）
Cuvier, G. Eloge de M. De Lamarck（フランス語原文）(http://www.academie-sciences.fr/activite/archive/dossiers/eloges/lamarck_vol3228.pdf)
Cuvier, G. Elegy of Lamarck (http://www.victorianweb.org/science_texts/cuvier_on_lamarck.htm)
Lee, R., 1833. Memoirs of Baron Cuvier. New York: J. & J. Harper.
(https://archive.org/stream/memoirsofbaroncu02leer#page/n9/mode/2up)
Outram, Dorinda, Georges Cuvier: Vocation, Science, and Authority in Post-revolutionary France' Manchester University Press

【第三章】

スティーヴン・ジェイ・グールド『がんばれカミナリ竜』（廣野喜幸ほか訳、早川書房）、第26章
『ジュリアン・ハクスリー自伝（1・2）』（太田芳三郎訳、みすず書房）
オレン・ハーマン『親切な進化生物学者』（垂水雄二訳、みすず書房）
ジェームズ・パラディス／ジョージ・C・ウィリアムズ『進化と倫理――トマス・ハクスリーの進化思想』（小林傳司，小川眞里子，吉岡英二訳、産業図書）
Desmond, Adrian, Huxley: From Devil's Disciple to Evolution's High Priest (paperback), Perseus Books ,1999
Huxley, Thomas, H., Man's place in nature, and other anthropological essays (http://www.gutenberg.org/files/40257/40257-h/40257-h.htm)
Huxley, Thomas, An Examination of Darwin, 1862-63 (http://www.speeches-usa.com/Transcripts/thomas_huxley-darwin.html)
Huxley, Thomas, Evolution and Ethics (Romanes Lecture, 1893, http://aleph0.clarku.edu/huxley/CE9/E-E.html)

【第四章】
木島泰三「natural selection の日本語訳と社会ダーウィニズムの残留」（『受容と抵抗――西洋科学の生命観と日本』、国際日本学研究叢書22）
坂上孝編『変異するダーウィニズム――進化論と社会』（京都大学学術出版局）
清水幾太郎責任編集、『コント　スペンサー』（中央公論社、世界の名著）
柴谷篤弘・長野敬・養老孟司編『講座　進化2――進化思想と社会』（東京大学出版会）
藤田祐「進化社会理論とマルサス――進歩をめぐる人口圧の二面性」（ヴィクトリア朝文化研究（7）、18-34、2009）
宮永孝『社会学伝来考――明治・大正・昭和の日本社会学史』（角川学芸出版）
Ducan, David, The life and letters of Herbert Spencer（University of Michigan Library, 1908）
Spencer、Herbert, An autobiography (New York, D. Appleton, 1904) (http://oll.libertyfund.org/titles/spencer-an-autobiography-2-vols-1904)
Spencer, Herbert, Social Statics (London: John Chapman, 142, Strand, 1951) (http://oll.libertyfund.org/titles/spencer-social-statics-1851)
Spencer, Herbert, A Theory of Population, deduced from the General Law of Animal Fertility (The Westminster Review 57 (1852 [New Series, Vol I, No. II]) (http://www.victorianweb.org/science/science_texts/spencer2.html)

【第五章】
倉谷滋『個体発生は進化をくりかえすのか』（岩波科学ライブラリー）
スティーヴン・ジェイ・グールド『個体発生と系統発生――進化の観念史と発生学の最前線』（仁木帝都・渡辺政隆訳、工作舎）

スティーヴン・ジェイ・グールド『ぼくは上陸している（下巻）』（早川書房、渡辺政隆訳）
佐藤恵子『ヘッケルと進化の夢』（工作舎）
エルンスト・ヘッケル『生物の驚異的な形』（小畠郁生監訳、戸田裕之訳、河出書房新社）
ヘッケル『宇宙の謎』（岡上梁・高橋正熊訳、加藤弘之校閲、友朋館）［近代デジタルライブラリー］
ヘッケル『生命の不可思議（上下）』（後藤格次訳、岩波文庫）
ヘッケル『自然創造史（第1巻・第2巻）』（石井友幸訳、晴南社）
三中信宏『系統樹思考の世界――すべてはツリーとともに』（講談社現代新書）
米本昌平『遺伝管理社会――ナチと近未来』（弘文堂）
Richards, Robert. J. The tragic Sense of Life: Ernst Haeckel and the Struggle over Evolutionary Thought（The University of Chicago Press）
Weiss, Sheila Faith, Race Hygiene and National Efficiency : The Eugenics of Wilhelm Schallmayer (University of California Press, California Digital Library) (http://publishing.cdlib.org/ucpressebooks/view?docId=ft596nb3v2&brand=ucpress)

【第六章】

Th・ドブジャンスキー『遺伝学と種の起原』（駒井卓・高橋隆平訳、培風館）
Th・ドブジャンスキー『遺伝と人間』（杉野義信・杉野奈保野訳、岩波書店）
L・C・ダン、Th・ドブジャンスキー『遺伝・人種・社会』（渡辺晧訳、創言社）
スティーヴン・ジェイ・グールド『人間の測りまちがい』（鈴木善次・森脇靖子訳、河出文庫）
中村禎里『新版・日本のルイセンコ論争』（米本昌平解説、みすず書房）
メドヴェジェフ『ルイセンコ学説の興亡』（金光不二夫訳、河出書房新社）
Ayala, Francisco J. Theodosius Dobzhansky, national academy of sciences, A Biographical Memoir (http://

www.nasonline.org/publications/biographical-memoirs/memoir-pdfs/dobzhansky-theodosius.pdf)

Ayala, Francisco J., Theodosius Dobzhansky: A man for all seasons (http://www.medicalecology.org/pdf/A_Man_for_All%20Seasons.pdf)

Burian, Richard M. , The Epistemology of Development, Evolution, and Genetics: Selected Essays. Cambridge University Press, 2005.

Dobzhansky, , Theodosius, Nothing in Biology Makes Sense except in the Light of Evolution, The American Biology Teacher, Vol. 35, No. 3 (Mar., 1973), pp. 125-129 (http://biologie-lernprogramme.de/daten/programme/js/homologer/daten/lit/Dobzhansky.pdf)

Ford, E. B. (November 1977). "Theodosius Grigorievich Dobzhansky, 25 January 1900 -- 18 December 1975". Biographical Memoirs of Fellows of the Royal Society 23: 58-89. (https://www.zin.ru/animalia/coleoptera/addpages/Andrey_Ukrainsky_Library/Specialists_files/Ford77.pdf)

Land, Barbara, Evolution of a scientist: The two worlds of Theodosius Dobzhansky, Thomas Y. Crowell Company, New York.

垂水雄二（たるみ ゆうじ）

1942年生まれ。京都大学大学院理学研究科博士課程単位取得後退学。
出版社勤務を経て翻訳家、科学ジャーナリスト。
著書：『科学はなぜ誤解されるのか』（平凡社新書）、『悩ましい翻訳語』（八坂書房）など多数。
訳書：ドーキンスの一連の著作『ドーキンス自伝Ⅰ、Ⅱ』『進化の存在証明』『神は妄想である』（以上、早川書房）、『遺伝子の川』（草思社）のほか、ハンフリー『喪失と獲得』（紀伊國屋書店）、セーゲルストローレ『社会生物学論争史』、ハーマン『親切な進化生物学者』（以上、みすず書房）、ラザフォード『ゲノムが語る人類全史』（文藝春秋）など多数。

進化論物語

2018年2月26日　初版第1刷発行

著者　**垂水雄二**
発行人　**長廻健太郎**
発行所　**バジリコ株式会社**
〒 162-0054
東京都新宿区河田町3-15 河田町ビル3階
電話：03-5363-5920　ファクス：03-5919-2442
取次・書店様用受付電話：048-987-1155
http://www.basilico.co.jp

印刷・製本　**中央精版印刷株式会社**

ISBN978-4-86238-236-8